国家自然科学基金青年项目(52004288)
山东省重大科技创新工程项目(2019SDZY02) 资助

煤岩单轴力学性质的各向异性与尺寸演化机理

宋红华 著

U0312969

应急管理出版社

·北 京·

图书在版编目（CIP）数据

煤岩单轴力学性质的各向异性与尺寸演化机理/宋红华著．--北京：应急管理出版社，2024

ISBN 978-7-5237-0215-4

Ⅰ.①煤…　Ⅱ.①宋…　Ⅲ.①煤岩—力学性质　Ⅳ.①TD326

中国国家版本馆 CIP 数据核字(2024)第 007138 号

煤岩单轴力学性质的各向异性与尺寸演化机理

著　　者	宋红华
责任编辑	成联君
编　　辑	房伟奇
责任校对	李新荣
封面设计	安德馨

出版发行　应急管理出版社（北京市朝阳区芍药居 35 号　100029）

电　　话　010-84657898（总编室）　010-84657880（读者服务部）

网　　址　www.cciph.com.cn

印　　刷　北京四海锦诚印刷技术有限公司

经　　销　全国新华书店

开　　本	710mm×1000mm$^1/_{16}$　印张　7$^3/_4$　字数　139 千字
版　　次	2024 年 4 月第 1 版　2024 年 4 月第 1 次印刷
社内编号	20231411　　　　定价　36.00 元

前　言

　　煤岩是一种天然的非均质性材料，在成煤沉积过程和地质构造运动中，煤岩内生层理、节理、矿物夹杂等原生结构，其力学性质表现出显著的各向异性和尺寸演化特征。在煤炭地下开采工程实践中，尤其是进入深部开采后，由地应力场和采动应力场构成的复合应力场与煤岩力学性质各向异性的多尺度耦合作用，使煤岩冲击失稳破坏机理更加复杂，给冲击地压预警防控带来诸多困难和挑战。因此，揭示原生结构在煤岩内展布特征，熟悉原生结构作用下煤岩单轴力学性质的各向异性和尺寸演化规律，对于揭示煤岩非均质性与复杂应力场的耦合作用机制，深入阐释冲击地压多样化诱发机理，具有重要作用。

　　本书围绕原生结构下煤岩单轴力学特性各向异性和尺寸演化机理，分析了原生结构在煤岩中的展布及尺寸演化特征，研究了原生结构在煤岩裂纹扩展中的作用及其耦合作用机制，揭示了煤岩单轴力学特性的各向异性和尺寸演化规律，构建了煤岩单轴抗压强度的广义尺寸效应模型、各向异性-尺寸演化模型，确定了基于纵波波速的煤岩单轴抗压强度估测方法，阐明了非均质煤岩声发射的各向异性和尺寸演化规律，探究了声发射分形维数和声发射能量之间的关联，构建了声发射实验室试验特征和现场煤岩失稳破坏前兆信息关联模型。研究成果可为后续非均质性煤岩的力学特性、复合应力场和煤岩非均质性耦合诱发冲击地压机理分析、预警防控等研究提供理论支撑。

　　本书的出版得到了国家自然科学基金青年项目（52004288）和山东省重大科技创新工程项目（2019SDZY02）的资助。在编写过程中，得到了许多专家、学者及现场工程技术人员，以及中国矿业大学（北京）相关领导和同事的大力支持与帮助，在此一并感谢！

由于笔者水平有限，书中难免有不足之处，恳请各位专家、学者不吝指正和赐教！

著 者

2023 年 7 月

目　　录

1 引　　言

1.1 背景和意义

煤炭是我国能源安全的"压舱石"，在"双碳"目标背景下，煤炭仍将是我国长期的主要能源。根据《"十四五"现代能源体系规划》《能源生产和消费革命战略（2016—2030）》《中国能源中长期（2030，2050）发展战略研究：综合卷》等研究，未来能源结构有所调整，虽然煤炭占能源结构比重下降，但对煤炭资源的需求仍将处于高位，预计 2050 年煤炭仍占我国能源结构的 35%～40%。长期以来，我国煤炭资源消费量大、煤层开采强度高，为保障国民经济快速发展做出了重要贡献，这也导致目前我国浅部煤炭资源逐渐枯竭，煤炭开采将全面转入深部及相对深部的开采状态。因此，实现煤炭资源的安全高效开采，对于保障国家能源供给安全、促进社会经济快速稳定发展具有重要作用。

煤岩是一种天然的非均质材料，由于沉积环境和成煤地质构造运动作用，天然煤岩体内层理、节理、矿物夹杂、裂隙等原生结构发育，使煤岩体表现出显著的非均质性特征。随加载方向与煤岩内原生结构展布方向及试样尺寸变化，煤岩体在力学特性上表现出显著的各向异性和尺寸演化特征。煤炭地下开采中，煤岩体是巷道采场及支持空间的重要组成部分，兼具矿体、承载体和存储介质三重属性。采场及巷道周围煤岩体处于采动应力场和地应力场组成的复合应力场中，其主应力方向与煤体内部层理、节理、原生裂隙走向往往存在一定夹角，如图 1-1所示。深部采场及巷道煤岩体所处的高静载、强扰动、非对称应力环境，使得深部煤岩力学性质的各向异性与复杂应力场的多尺度耦合作用凸显。受较高应力水平复杂应力场作用的各向异性煤岩，在强开采扰动下，沿极限承载方向发生突然失稳破坏，易诱发冲击地压、强矿震等灾害，使深部煤岩体动力失稳破坏形式、诱发机理更加复杂，给深部煤炭资源的安全高效开采带来诸多挑战。

原生结构是造成煤岩力学性质各向异性及其跨尺度演化的主要原因，研究原生结构作用下煤岩基本力学参数、声发射特征的各向异性及尺寸演化特征，探究不同尺寸非均质煤岩力学特性估测方法，对于深入理解采场、巷道煤壁变形失稳的复杂性，阐释深部煤岩多样化失稳破坏致灾机理，探究将实验室尺度煤岩各向

1

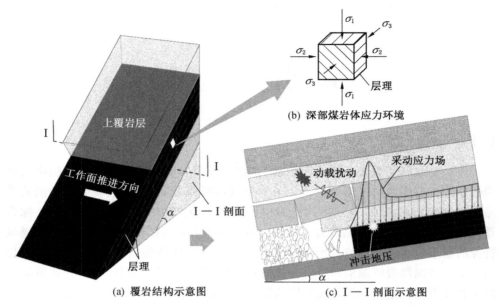

图 1-1　煤层内部结构与各主应力空间位置关系及对煤岩动力灾害的影响

异性研究成果扩展到工程实践和深部煤岩动力失稳灾害预警防控的方法途径，以及保障深部煤炭资源安全高效开采具有重要价值。

1.2　国内外研究历史及现状

1.2.1　煤岩力学性质的尺寸效应研究

　　岩石的尺寸效应是指岩石力学性质随岩体尺寸变化而变化的特性，掌握岩石力学性质的尺寸演化特性，对工程设计和施工具有重要意义。现代岩石尺寸效应理论研究始于 1939 年，Weibull 提出基于统计理论的岩石类材料强度理论，认为岩石类材料的极限强度可由其体积和与材料有关的统计分布函数积分来确定，并于 1951 年提出表述岩石试样强度比值与相应体积比值之间关系的经典对数公式，并得到诸多文献的推广和演化。此后，许多学者对岩石力学性质与试样尺寸的关系进行了大量研究，并得到无黏结闪长岩表观泊松比和杨氏模量随试样尺寸的变化规律；揭示了不同类型岩石力学特性的尺寸演化机理，给出了真实岩石性质与棱柱样品力学指标之间关系的解析公式；研究了岩石节理剪切特性尺度效应，发现节理粗糙度的变化是导致峰值剪切强度、峰值膨胀率和剪切刚度尺度效应的原因；研究了网格尺寸、加载/卸载速率和卸载模式对实验模拟和野外尺度完整岩体破坏的影响，获得了不同尺度条件下岩石加载数值模拟中合理的网格数目，提出了一种基于裂缝发展曲线确定卸荷率的新方法；获得了多种岩石单轴抗压强度与试样尺寸的经验关系、单轴抗压强度对试样体积依赖性经验公式。

国内文献对岩石力学特性尺度效应研究的起步较晚，但发展迅速。已有文献通过力学实验、数值模拟、文献调研等方式，分析了岩石单轴力学特性的尺度效应和矿柱支承性能的关系；揭示了试样尺寸对岩石抗压强度的影响特征，并提出了抗压强度尺度效应的经验公式；阐明了岩石动态强度尺寸效应随应变率而变化的规律；研究了岩石试样尺寸与单轴抗压强度、弹性模量的定量关系；建立了基于物理力学测试和细观参数统计分布理论的试件尺寸随机概率模型；发现了岩石的动态断裂韧度的测试值随着尺寸的增大而增大、非均质参数越大对岩石强度的尺寸效应越明显等规律；获得了单轴压缩、单轴增量循环压缩和单轴循环压缩条件下，不同高径比岩石的极限应力、应变和弹性模量的变化规律；并研究了尺寸效应对砂岩应变软化影响。

煤岩强度尺寸效应研究始于 20 世纪 60 年代，Bieniawski 首先研究了煤岩体强度的尺寸效应规律，认为原生裂隙数量随试样尺寸变化是造成煤体尺寸效应的原因，并给出了煤岩试样、煤岩体单轴抗压强度的尺寸效应公式。近年来，Gonzatti 等研究了 South-Catarinense 煤田煤岩强度尺寸效应特征，给出了煤岩单轴抗压强度的尺寸效应公式；国内学者也通过创立合成岩体（SRM）的数值模拟方法，并将其应用于煤的尺度效应研究。然而，相比于其他岩石材料，国内外对煤岩力学特性的尺寸效应研究仍相对较少，由于岩石尺寸效应研究起步较早，且限于研究技术手段，早期对煤岩内部裂隙等原生结构的数量、尺寸、展布及其尺寸演化特征的研究仍未深入，对原生结构及数量参数变化导致的煤岩力学特性、失稳破坏前兆信息、估测方法的尺寸演化特征仍相对缺乏，对原生结构在煤岩力学特性尺寸演化中的作用仍不明确。

1.2.2　煤岩力学性质的各向异性研究

岩石的各向异性主要指岩石力学性质随岩石加载方向不同而不同的特性。在岩体工程分析中，为了简化计算常把岩石当作线弹性、均质和各向同性介质来处理。但多数情况下，因岩石材料物理特性的非均质性，其力学特性表现出各向异性特征。自 20 世纪 60 年代以来，国内外对岩石力学各向异性的研究不断深入。测定部分板岩、页岩的单轴压缩强度随围压、层理变化特征，提出了基于可变摩擦系数和内聚强度理论的经验关系；提出了基于 Griffith 理论的各向异性岩石破碎准则，并将基于 Griffith 理论的 McClintock-Walsh 理论扩展到处理各向异性岩石的脆性断裂领域；发现页岩层理面在水平和垂直两个方向上的力学参数存在明显差异，多孔砂岩的力学性质各向异性随围压增加而降低；并根据 Hoek-Brown 准则，提出针对变质岩（片麻岩、片岩、大理石）各向异性的破坏准则；构建了基于微观力学原理的新本构模型，用来描述脆性岩石中的各向异性损伤；分析了节理岩石的抗拉强度的各向异性特征，推导了结构弱面强度随加载方向与结构弱面延伸方向夹角的变化规律，归纳出了宏观各向异性岩石的强度和各向异性经验公式；研究了偏应力作用下黏土岩石蠕变应变的各向异性行为。随着研究逐渐深入，已有文献对岩石内部结构各向异性，各向异性导致的岩石工程力学性能也进行较为深入的研究，提出了基于 X-ray Computed Tomography（CT）图像的岩石内部结构各向异性特征的评估方法；探讨了层状变质岩各向异性对地应力测量的影响，揭示了微裂纹导致的脆性岩石弹性波各向异性规律；获得了正交各向异性地层中水力压裂裂缝在各向异性岩石中的扩展特征。

国内对岩石力学特性各向异性特征的研究起步较晚，主要研究层状岩石，且多为沉积类和变质类层状岩石。目前，已有文献确定了含碳页岩横观各向异性岩石的 5 个弹性常数及强度指标，并分析了各参数随各向异性角度的变化规律；探讨了不同围压下沿相互正交 3 个方向岩石试样（榴辉岩、片麻岩、麻粒岩、蛇纹岩和角闪岩）的泊松比及其各向异性特征；揭示了层状岩体（砂岩和页岩）的弹性参数随各向异性角度的变化；探究了循环加卸载对层理砂岩弹性模量和波速比各向异性特征的影响；获得了板岩、千枚岩、糜棱岩和变质岩在平行和垂直层理或板理方向的纵、横波波速，提出了岩石介质纵、横波波速比的各向异性效应；探讨了层状岩石断裂能的各向异性特征，分析了其对水力裂缝扩展路径的影响；提出了各向异性岩石强度修正 Hoek-Brown 准则，发现岩石各向异性强弱与原岩类型、压实和胶结等沉积成岩作用、微裂隙发育程度及变质作用等因素有关。

相比于沉积岩和变质岩，煤岩兼具矿产、承载体和煤层气存储载体三种属性。因此，关于煤岩物理力学特性各向异性特征的研究范围较广，除基本力学特性外，还包含内部结构、渗透率等。在煤岩力学特性的各向异性研究方面，国外学者研究了煤岩层理倾角和加载速率对其断裂韧性的影响，分析了冲击煤岩破坏特征的各向异性特征，揭示了层理对煤岩动态断裂韧度的影响；探讨了高压对煤岩内部结构各向异性特征的影响，揭示了煤岩碳化过程中各向异性纹理特征；重构了煤岩内部的三维裂隙网络，量化了裂隙网络的各向异性特征；获得了加载方向对层理煤岩劈裂失稳的影响，分析了加载速率和加载方向对煤岩的抗拉、抗压强度影响的各向异性特征。

　　国内学者也对煤岩力学性能的各向异性进行了较多的研究。分析了垂直层理和平行层理方向煤岩力学响应的各向异性特征及其与煤岩内部结构的关系；获得了加载速率对垂直、平行层理方向煤岩抗拉强度及其破坏特征的影响，探索了层理对煤岩拉伸破坏的影响机理；探究了单轴加载条件下垂直和平行层理方向煤岩孔裂隙的核磁共振特征；获得了垂直层理、平行层理垂直面割理和平行层理垂直端割理方向轴压对煤岩纵、横波速度和衰减的影响。以往研究对煤岩内部结构的各向异性特征、煤岩内部结构与煤岩力学特性各向异性特征的关系，进行了较为深入的研究。然而，由于以往研究加载方向多为垂直、平行于层理或者与层理方向呈45°夹角，对煤岩单轴抗压强度的各向异性特征仍研究缺乏系统性，这在揭示煤岩力学特性各向异性特征、指导工程实践方面，仍具有不充分性。因此，在现有研究基础上，仍需对煤岩力学性能的各向异性特征进行系统性研究。

1.2.3　煤岩失稳破坏中的原生结构作用机理研究

　　国内外学者很早就认识到原生机构导致的煤岩非均质性问题，并发现煤岩力学特性的尺寸效应和各向异性均与煤岩内原生结构有关，并将煤岩力学特性的"尺寸效应"归结于原生裂隙数量、裂隙尺度等随煤岩尺寸增加而增加，认为大尺寸煤岩试样内原生裂隙数量较多，原生裂隙数量增多降低了煤岩黏聚力，造成了煤岩强度弱化；将煤岩力学特性的"各向异性"归结于层理与加载方向的夹角，认为层理为煤岩内部弱面，其与加载方向夹角影响裂隙的起裂、扩展、贯通，进而影响煤岩失稳破坏，使煤岩力学特性呈现各向异性特征。

　　但由于早期研究采用技术手段限制，早期文献对各原生结构在煤岩失稳破坏中作用的认识仍存在一定的不足，并将各原生结构对煤岩力学特性各向异性和尺寸演化特征的影响分开研究，分别从"尺寸效应""各向异性""层理效应"等角度研究。近年来，随着研究技术手段的进步，尤其是 X-ray CT，三维重构建模等技术的引入，研究者对煤岩内部原生结构类型、各原生结构在煤岩失稳破坏中作用的认识逐步提升。发现除原生裂隙、层理外，煤岩内部原生结构还有矿物夹杂；煤岩力学特性的各向异性及尺寸演化特征，是同时存在的，其共同诱因是煤岩内部原生结构。因此，将煤岩力学性能各向异性及尺寸效应统筹考虑的研究越来越多。

　　但由于块煤内生的大量层理、裂隙，使煤岩试样取芯、切割、打磨困难，试样加工成功率较低，沿与层理不同角度钻取煤岩试样也更为困难，使得实验研究原生结构在煤岩力学特性各向异性和尺寸演化中作用的文献相对较少，而相应原生结构的耦合作用研究多局限于数值分析领域，如运用 Discrete Fracture Network（DFN）构造了合成 PFC³ᴰ 模型，研究煤岩单轴抗压强度的各向异性和尺寸效应规律；利用离散元软件，研究 DFN 数量对不同尺寸煤岩单轴抗压强度最大值的影响；采用 Bonded Particle Model（BPM），探究原生结构在煤岩单轴抗压、拉强度的尺寸演化中的作用。相比于数值模拟研究，从实验角度研究原生结构在煤岩力学性质各向异性及其尺寸演化特征，使研究结果更具有说服力，可更好地指导煤炭安全开采的工程实践。

1.2.4 煤岩失稳破坏前兆信息研究

煤岩失稳破坏前兆信息对于煤岩动力灾害预警防控具有重要作用，声发射是脆性材料受载变形破坏过程中普遍存在的现象，其反映了脆性材料内部变形破坏和损伤发育的变化规律，是煤岩失稳破坏的重要前兆信息之一。岩石力学中的声发射研究始于 20 世纪 30 年代后期，是美国矿业局为解决岩爆问题而发起的。目前，声学发射技术已经越来越多地用于材料变形失效机理的实验室研究（裂纹扩展、破坏形式等）、工程安全监测（冲击地压预警中的微震监测、地下结构稳定性监测等）、地应力测量、地震研究等领域。

由于声发射对岩石损伤破坏特征研究的重要性，国内外学者对岩石中的声发射现象进行了大量研究。国外学者对声发射研究起步较早，分析了单轴加载条件下花岗岩的声发射特征，研究了声发射 Kaiser 效应机理；分析了真三轴条件下沉积石灰岩岩爆阶段声发射信号频率、振幅的变化关系，探究了石灰岩的动力损伤过程和特征；利用声发射和应变数据，研究了微裂纹累积引起的花岗岩和大理石岩破裂和破坏机制，发现花岗岩的声发射在时间和空间上具有分形特征；发现花岗岩接近破坏时，大振幅事件的相对数量增加。利用盐岩样品三轴压缩声发射特征，证实了剪胀边界取决于盐岩应力加载速率和孔隙压力；采用声发射监测定位技术，研究了非均质性页岩水力压裂过程中，岩石破坏和裂纹传播的规律；分析了花岗岩裂纹萌生和破坏应力阈值，发现用声发射能量方法估计损伤较为可靠。国内学者对岩石声发射特征也进行了大量的研究，发现了岩石单轴加卸载条件下的岩样峰值前出现声发射平静期；揭示了声发射表征砂岩损伤的分形特征和统计自相似特征，探究了裂纹扩展、声发射与加载速率的正相关性；研究了花岗岩循环加卸载过程中的声发射特征，发现花岗岩 Kaiser 效应应力上限值为极限强度的 65% 左右；将小波分析应用在岩石声发射信号处理中，并构造了新的小波基函数；分析了动静载条件下岩石声发射特征的区别，发现冲击荷载下岩石声发射持续时间短。

由于层理、节理（割理）等原生结构的存在，煤、岩石声发射特征也表现出显著的非均质性。国内外学者对此进行了较为深入的探索。国外学者研究发现，裂隙和层理角度对页岩的破坏和声发射特征的影响，当主应力与层理方向垂直时，累积声发射能量最大；层理与加载方向的夹角导致了单轴抗拉、抗压加载状态下页岩声发射特征随加载方向与层理角度变化而变化的各向异性特征。国内文献中，分析了冲击倾向煤岩试样平行、垂直层理立方体煤岩的损伤、变形和声发射特征；对比分析了含层理和均质岩石损伤演化过程中的声发射、能量耗散与传递规律，获得了层理岩石声发射计数随层理倾角的变化规律；发现巴西劈裂实验高层理角度页岩累积声发射计数曲线表现为台阶式增长，揭示了层理方向对各向异性砂岩的声发射特征的影响；研究了沿平行、垂直于层理方向煤岩单轴抗压强度和声发射各向异性特征，发现沿垂直于层理方向加载煤岩试样的单轴抗压和声发射强度均较大。

研究尺寸效应和各向异性对煤岩声发射特征的影响，对于深入了解加载方向对煤岩破坏机理的影响，分析现场监测中声发射前兆信息，探索应用实验室尺度声发射特征研究工程实践中的声发射现象（微震），可为煤矿动力灾害（如冲击地压）、失稳破坏预警分析等提供参考和借鉴。目前，国内外关于尺寸效应对煤及岩石声发射特征影响的实验研究相对较少，且关于各向异性对煤岩声发射特征的研究缺乏系统性研究，大多集中在平行及垂直层理方向。

1.2.5　煤岩强度估测方法研究

岩体强度估测是岩石力学领域的重要研究方向之一，其对矿业工程、地下工程、隧道开挖等现场工程地质条件调查、岩体力学性能分析具有十分重要的作用。由于煤岩标准试样加工的困难性，应用其他力学参数估测煤岩体强度被普遍认为是一种比较经济的煤岩强度获取方式，可以避免实验室试样加工、力学测试等一系列问题，且有助于快速判别煤岩强度特征，可为煤岩动力灾害诱发机理分析、事故灾害防控措施的选取，提供基本力学参数支撑。

国外学者针对岩石强度估测的研究较多，所涉及的岩石种类、影响因素、估测参数、估测方法等均较为广泛，并积累了大量的文献，国外学者研究了纵波（P 波，即 Primary Wave）速度、冲击强度指数、施密特硬度、泊松比、点载荷指数、耐久性指数和单轴抗压强度之间的相关性，并得到相关经验公式；分析了沉积岩单轴抗压强度等与材料物理性质的经验关系；探究了火成岩、沉积岩和变质岩纵波波速和实验室中确定指数性质之间的相关性；揭示了声速与碳酸盐岩密度、抗压强度和杨氏模量的关系，建立了基于模糊多元回归建模的点荷载、施密特和声速评价岩石强度的方法；研究了不同饱和度下 P 波波速和岩石强度之间的关系；探讨了多元线性回归分析和人工神经网络在预测孔隙度、密度、P 波波速度、泊松比、点载荷指数和单轴抗压强度间关系的差异。

国内学者对岩石强度的估算也进行了较为深入的研究，国内文献数量较国外少，相关文献中，获得了基于回归分析的声波速度与岩石单轴抗压强度关系，认为基于声波的指数型经验模型对川西地区须家河组地层岩石单轴抗压强度预测结果较好；提出了基于岩石点载荷强度、密度、岩石类型、孔隙率和粒度的单轴抗压强度神经网络方法预测；探究了类岩石材料点载荷指数与单轴抗压强度之间的对应关系；分析了基于单轴抗压强度与 P 波波速的岩石单轴抗压强度预测方法；揭示了岩石的硬度与点荷载指标和强度的关系。

相比于其他估测手段，纵波（P 波）属于无损测量手段，表征了材料内部结构的振动特性，在介质中传播速度受材料属性、内部结构、温度、湿度、应力、孔隙、密度等影响。纵波波速测试在实际操作中更具有便捷性，可在不损伤岩石的前提下进行测量，且能较为准确地估测岩石强度，因而较多学者采用 P 波波速估测岩石单轴抗压强度。以往研究表明，P 波波速和煤岩单轴抗压强度的关系表现出各向异性的特征，且受试样尺寸影响，国内外学者分析了 P 波波速在岩石中的传播速率及其与单轴抗压强度之间关系的影响，发现 P 波波速随着试样尺寸增加而减弱，非均质岩石 P 波波速具有各向异性特征；发现煤岩强度和 P 波波速均具有的尺寸效应特征，并探索了 P 波波速与单轴抗压强度、试样边长等的关系；平行层理方向与垂直层理方向，发现平行层理方向与垂直层理方向的 P 波波速差异最大，垂直层理方向波速最小。

研究尺寸效应和各向异性下煤岩强度与 P 波波速之间的关系，对于选取合理的试样尺寸，预测煤岩体强度，可为工程实践中巷道支护设计、煤壁稳定性分析、煤岩动力灾害诱发机理分析、事故灾害防控措施选取等提供重要帮助。但目前有关各向异性特征和尺寸效应影响下煤岩强度与 P 波波速关系的研究仍不够充分，其主要反映在 P 波波速的各向异性研究仅局限于平行、垂直层理方向，对尺寸效应影响下煤岩 P 波波速和单轴抗压强度的关系随试样尺寸变化规律的文献较少，对其影响规律和机理了解不多。

1.3　研究方法

煤岩力学特性的尺寸效应和各向异性源于煤体内部的原生结构，即层理、节理、原生裂隙、矿物夹杂等。基于煤岩力学特性的各向异性和尺寸效应特征，分析非均质煤岩失稳破坏前兆信息，探索构建非均质煤岩强度估测方法，可为采场煤岩体支护、冲击地压防治、现场煤岩力学性质估测等提供理论积累和支撑，也可为探索将实验室理论研究应用到工程实践中提供借鉴。

针对已有煤岩力学特性的各向异性和尺寸效应研究方面仍存在的不系统性、原生结构在煤岩失稳中作用不清晰、煤岩失稳前兆信息及估测方法的各向异性和尺寸演化特征不明确等问题。因此，本书重点从力学实验角度对原生结构影响下煤岩单轴力学参数、原生结构作用、失稳破坏前兆信息、强度估测的各向异性及尺寸演化特征进行研究，具体内容如下。

1. 原生结构在煤岩裂纹扩展中的耦合作用机制

通过研究煤岩中原生结构类型、各向异性展布特征和尺寸演化规律，探讨原生结构在煤岩裂纹扩展中的作用及其耦合作用机制，分析原生结构及耦合作用对煤岩宏观力学特性的影响，揭示各种原生结构在煤岩失稳破坏中的作用及其耦合作用机制。

2. 煤岩单轴力学特性的各向异性及其尺寸演化特征

研究煤岩单轴力学性质的各向异性及其尺寸演化规律，基于原生结构在煤岩变形破坏中的作用，分析煤岩单轴力学性质的各向异性及其尺寸演化机理；构建表征煤岩强度各向异性和尺寸演化的尺寸效应—各向异性公式，探索基于实验室试验的煤岩体强度估测方法。

3. 煤岩声发射的各向异性与尺寸演化特征

研究煤岩内部原生结构分布特征与声发射各向异性之间的关系，分析声发射参数、分形维数的各向异性和尺寸演化规律，推导声发射分形维数和声发射能量之间的关系，阐明声发射分形维数与声发射能量随试样尺寸演化规律，建立连接声发射实验室试验特征和现场煤岩失稳破坏前兆信息关联模型。

4. 煤岩强度估测的各向异性和尺寸演化特征

研究纵波在煤岩传播中的各向异性和尺寸演化特征，分析原生结构及其展布对纵波波速的影响，分析纵波波速和煤岩强度的关系，阐明煤岩强度各向异性及其尺寸演化下纵波波速和煤岩强度关系的演化特征，确定符合基于纵波波速的煤岩强度估测模型。

1.4　技术路线

本书围绕原生结构下煤岩单轴力学性质的各向异性与尺寸演化机理展开研究，以解决原生结构对煤岩单轴力学性质各向异性与尺寸演化影响机理不清为目标，采用实验室试验、理论分析相结合的方法，研究原生结构在煤岩裂纹扩展中的耦合作用机制，揭示煤岩单轴力学特性的各向异性及其尺寸演化机理，厘清煤岩声发射的各向异性与尺寸演化规律，阐明煤岩强度估测的各向异性和尺寸演化特征，为深部煤炭资源安全高效开采提供理论支撑。总体技术路线如图 1－2 所示。

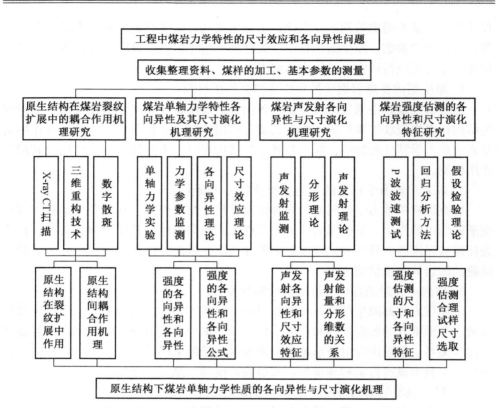

图 1-2 技术路线图

2 研究方案与实验测试

本章详述了实验方案、实验测试及物理化学测试仪器设备。主要采用 XRD、SEM，分析了样品的基本成分、微观结构；运用纵波波速测试了煤岩波速；通过 X-ray CT 扫描、单轴压缩测试、巴西劈裂测试、声发射监测等，为煤岩强度、声发射等的各向异性和尺寸演化特征的研究提供了数据支持。

2.1 研究方案

2.1.1 研究方案确定

原生结构及其展布是影响煤岩单轴力学特性各向异性及其尺寸演化的关键因素，单轴力学特性如单轴抗压强度、弹性模量等是煤岩体基本力学参数，研究单轴加载条件下原生结构在煤岩失稳破坏中的作用，获得煤岩单轴力学特性的各向异性及其尺寸演化规律，是了解原生结构下非均质煤岩力学响应特征，揭示煤岩动力失稳灾害中，煤岩力学特性各向异性与复杂应力场多尺度耦合作用的基础。

在研究手段方面，X-ray CT 技术是一种无损成像技术，在获取煤岩内原生结构展布及其尺寸演化特征，研究煤岩内部原生结构在煤岩裂隙扩展中的作用方面具有可行性。分形理论为定量描述一些不能或难以定量描述的复杂对象提供了可能，对于构建跨尺度自相似参数间的关联方面具有天然的优势。纵波（P 波）波速是一种无损检测手段，其表征了材料内部结构的振动特性，与材料内部原生结构展布密切相关，在揭示煤岩内部原生结构的各向异性特征，估测各向异性煤岩体强度方面具有可行性。

因此，本研究拟采用 X-ray CT 技术、纵波波速、分形理论，结合煤岩力学特性的单轴力学测试，研究煤岩原生结构及其展布的各向异性和尺寸演化特征；分析各原生结构在深部煤岩变形破坏过程中的作用及其耦合作用机制，揭示原生结构及其展布对煤岩单轴力学特性各向异性及尺寸演化的作用机理，确定各向异性煤岩单轴抗压强度的估测方法，构建基于原生结构展布的深部煤岩单轴力学特性各向异性—尺寸演化模型。

2.1.2 煤岩试样选取

为分析煤岩特性非均质性与复杂应力场耦合作用，获得原生结构下煤岩力学响应的各向异性与尺寸演化特征，揭示煤岩力学特性各向异性与复杂应力场多尺度耦合作用诱发煤岩动力灾害机理，本研究选取乌东矿45煤作为研究对象。该煤层属长焰煤，变质程度低，具有强冲击倾向性，与相邻的43煤间距—厚约50 m岩柱，两煤层在异步回采布置方式下，动压显现强烈。因此，研究原生结构作用下45煤煤岩力学性能的各向异性与尺寸演化特征，对于冲击地压的诱发机理和防治更具有现实意义。

2.1.3 煤岩试样制备

1. 各向异性研究煤岩试样制备

层理沉积类岩石具有显著的原生结构，因其识别较为容易，且与节理、割理等原生结构分布的空间位置关系具有确定性，对沉积类岩石力学性质影响显著。因此，以往沉积类岩石力学特性各向异性的研究中，均通过改变层理延伸与加载方向夹角，从而获得不同加载方向上沉积类岩石的力学特性，如强度、弹性模量、泊松比等。

煤岩是一种特殊类沉积类岩石，与其他原生结构相比，煤岩内层理对其力学特性有显著影响，且层理与割理、节理、矿物夹杂的分布空间位置关系也具有确定性，即在空间上垂直或平行分布。因此，通过改变层理与加载方向夹角，改变原生结构与加载方向夹角，获得煤岩力学特性的各向异性特征。

如图2-1所示，本研究采用各向异性煤岩试样，将层理延伸方向与钻取方向间夹角定义为各向异性角度，钻取方向即为后续研究中加载方向，并根据以往沉积岩类各向异性研究案例，选取各向异性角度0°、15°、30°、45°、60°和90°，对煤岩试样进行加工，对煤岩力学特性各向异性进行系统性研究。

2. 尺寸效应研究煤岩试样制备

煤岩尺寸效应研究认为，煤岩内原生结构数量随煤岩试样尺寸增加而增加，是造成煤岩强度随试样尺寸增加而降低的原因，为排除煤岩试样形状变化对煤岩力学性质的影响，本研究试样采用同高径比煤岩试样研究煤岩力学特性的尺寸演化特征，即采用圆柱形，高径比为2：1，各组试样直径依次为25 mm、38 mm、50 mm和75 mm。同时，考虑到不同尺寸煤岩试样力学特性各向异性研究的需要，均依照上述确定的煤岩试样各向异性角度对各直径煤岩试样进行分组，并对各组煤岩试样进行加工，部分煤岩试样如图2-2a所示。

由于巴西劈裂试验在研究煤岩力学性质的二维特性，以及分析原生结构在裂纹萌生、扩展、贯通中的直观性和方便性。因此，本书采用巴西劈裂实验研究原生结构在煤岩裂纹扩展中的作用，巴西圆盘试样高径比为1：2，直径依次为25 mm、38 mm、50 mm和75 mm的巴西圆盘煤岩试样，加工好煤岩试样如图2-

2b 所示。

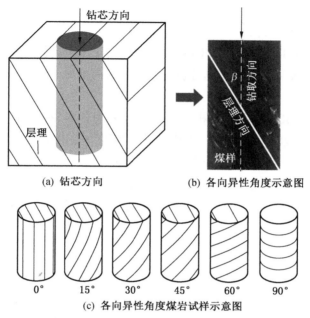

(a) 钻芯方向 　(b) 各向异性角度示意图

(c) 各向异性角度煤岩试样示意图

图 2-1 不同尺寸各向异性角度煤岩试样加工示意图

(a) 抗压强度测试试样 　　(b) 抗拉强度测试试样

图 2-2 本研究采用的部分煤岩试样

2.2 煤岩试样基本参数测定

本部分采用 XRD、SEM、纵波波速测试，X-ray CT 扫描等试验方法，研究了煤岩内各组分含量、微观结构特征，为后续研究和理论分析提供相应的基本参数。

2.2.1 煤岩试样组分分析

X-ray powder diffraction（XRD）是广泛应用于原子晶体和分子结构的快速分析技术，其通过 X 射线衍射图谱分析，确定材料内部原子或分子形态和结构，获取材料成分。

本研究采用 XRD 样品，如图 2-3a 所示。采用日本 SmartLab X 射线多晶衍射仪，X 射线发生器功率为 3 kW、测角仪最小步进为 1/10000 度，探测器 D/teX-Ultra 能量分辨率 20% 以下，设备如图 2-3b 所示。

结果表明：矿物成分在煤岩试样中存在比例较低（8.2%），矿物成分中各组分及含量分别为：高岭石（62.0%）、珍珠陶土（26.5%）、利蛇纹石（10.8%）和五氢硼酸盐（0.4%）。

(a) 研磨后的煤岩试样　　　　　　　　(b) XRD设备

图 2-3　XRD 设备和研磨后的煤岩试样

2.2.2 煤岩试样微观结构分析

本研究采用德国蔡司 Merlin 扫描电子显微镜，其加速电压范围为 0.05~30 kV；探测器为 SE2，InlensDuo，BSE；显微镜分辨率为 1.0 nm/15 kV，1.7 nm/1 kV；能谱探测范围为 B4-U92。测试前将样品研磨成 10 mm×10 mm，厚度 2 mm 大小。

图 2-4 为测试得到不同分辨率条件下煤岩表面不同位置的原生结构显微特征。煤岩试样基质结构较为致密，裂隙表面及内部无充填物，煤岩试样表面起伏，在不同分辨率下，分别呈现糜棱状、壳状。

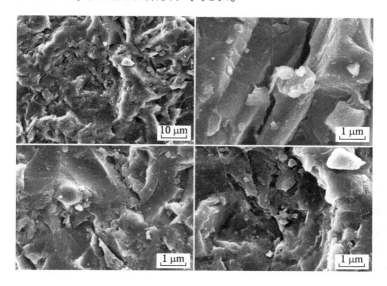

图 2-4　不同分辨率条件下煤岩试样表面不同位置显微特征

2.2.3　煤岩试样密度、波速测试

1. 煤岩密度测试

密度是煤岩试样的基本物理性质之一。通常将单位体积煤岩试样的质量（包含煤岩试样孔隙体积）的质量称为煤岩试样的密度。煤岩试样密度的表达式为

$$\rho = \frac{W}{V} \tag{2-1}$$

式中，ρ 为煤岩试样密度，$g \cdot cm^{-3}$；W 为被测煤岩试样的质量，g；V 为被测煤岩试样的体积，mm^3。本研究采用 SF-400 电子秤测量煤岩试样体质量，如图 2-5 所示，并根据测量所得煤岩试样尺寸，计算得到煤岩试样整体密度为 1.46 $g \cdot cm^{-3}$。

2. 煤岩试样的波速测试

P-wave or primary wave（P 波）反映了煤岩内部振动特性。P 波波速被广泛用于各种岩石力学特性表征。为此，本研究对煤岩试样轴向 P 波波速进行相应测量，并为后续实验中煤岩试样的选取提供参考。

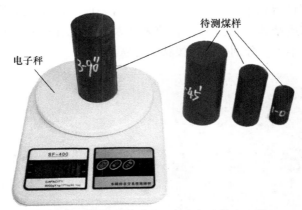

图 2-5　煤岩试样测量仪器和部分煤岩试样

　　本研究测量仪器采用 ZBL-U510 型非金属超声波测试仪，该仪器主要用于超声透射法检测基桩、连续墙的完整性，结构混凝土抗压强度、裂缝深度及缺陷检测；地质勘查、岩体完整性、风化评价测试；岩体、混凝土等非金属材料力学性能检测。其声时测试范围为-204800~409600 μs；声时精度为 0.05 μs；增益精度为 0.5 dB；接收灵敏度不大于 30 μV；发射电压可调，范围为 65~1000；发射频带的宽度范围为 10~250 kHz。本研究测量 P 波波速为煤岩试样轴向波速，仪器与部分测量煤岩试样如图 2-6 所示，测量获得的各组煤岩试样 P 波波速见表 2-1。

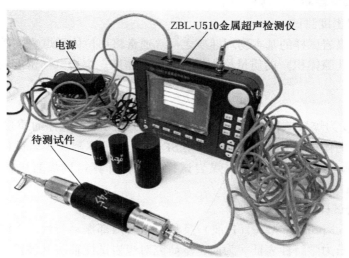

图 2-6　波速测量装置和部分被测试件

表 2-1　不同尺寸和各向异性角度煤岩试样轴向 P 波波速

各向异性角度/(°)	25 mm		38 mm		50 mm		75 mm	
	波速/(km·s^{-1})	均值/(km·s^{-1})	波速/(km·s^{-1})	均值/(km·s^{-1})	波速/(km·s^{-1})	均值/(km·s^{-1})	波速/(km·s^{-1})	均值/(km·s^{-1})
0	1.75 1.58 1.31 1.47	1.55	1.74 1.21 1.46 1.42	1.47	1.31 1.69 1.25 1.15	1.42	1.58 1.36 1.21 1.49	1.38
15	1.34 1.71 1.37	1.51	1.14 1.71 1.28	1.42	1.51 1.42 1.38	1.36	1.25 1.18 1.02	1.31
30	1.25 1.44 1.21	1.35	1.08 1.39 1.12	1.25	0.98 1.24 1.04	1.20	1.34 1.12 1.13	1.16
45	1.13 1.32 1.69	1.22	1.31 0.93 1.73	1.12	1.2 0.94 1.17	1.06	1.01 0.92 1.17	1.02
60	1.3 1.15 1.73	1.38	1.07 1.14 1.71	1.31	1.21 1.35 1.59	1.24	1.15 1.04 1.4	1.21
90	1.66 1.2	1.53	1.37 1.28	1.45	1.36 1.23	1.39	1.52 1.19	1.37

2.3　煤岩试样内部结构扫描与力学实验测试

2.3.1　煤岩试样内部结构扫描

1. X-ray CT 扫描

X-ray CT 是一种非破坏性成像技术，被广泛应用于医学、材料、地球科学、电子、机械制造等领域。X-ray CT 在岩石力学领域的应用始于 20 世纪 80 年代，其工作原理是通过射线源以轴面（二维）或锥形体（三维）投射被测物体，根据不同部分对射线的吸收和透射率信息进行三维重构成像，其扫描基本原理如图 2-7 所示。

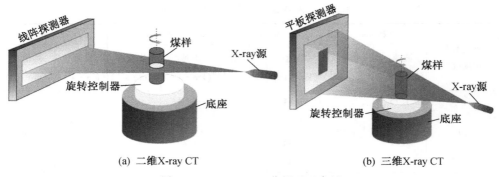

(a) 二维X-ray CT   (b) 三维X-ray CT

图 2-7　X-ray CT 工作原理示意图

本研究采用 NanoVoxel 4000 X-ray CT 扫描设备进行试样扫描，该设备属 3D X-ray CT，工作原理如图 2-7b 所示，扫描试样和设备如图 2-8 所示。NanoVoxel 4000 属于高功率显微 CT 系统。采用高电压（225 kV，240 kV 和 300 kV 可选）开放式微焦点射线源和高灵敏度探测器包括多种尺寸的平板探测器和光学二级放大系统。本研究采用扫描电压为 225 kV，分辨率为 0.5 μm。

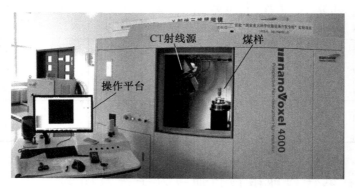

图 2-8　本研究采用 X-ray CT 扫描设备和扫描试样

2. 扫描试样的选择

选择代表性试样进行 X-ray CT 扫描，有利于预先了解煤岩试样内部结构基本特征，使研究成果更具有代表性和适用性。因此，X-ray CT 扫描前需对试样进行筛选，以便得到代表性试样内部结构特征。基于 P 波波速和岩石物理力学性质之间广泛的相关性，P 波波速被用于 X-ray CT 扫描试件的选择，以轴向 P 波波速接近该组试样平均波速的试样被选择作为 X-ray CT 扫描的试样，P 波波速见表 2-1。

为了得到试样内部各组分随试样尺寸的变化特征，每种尺寸煤岩试样至少扫描 1 个试样进行。为了研究试样内部结构随各向异性角度的变化规律，以及为后续三维重构技术研究做准备，选取尺寸为 50 mm×100 mm，各向异性角度为 0°、30°、45°、60°、90°的试样各 1 个进行 X-ray CT 扫描；同时对不同尺寸高径比为 1∶2 的巴西圆盘试样进行 X-ray CT 扫描。因此，本试验共对 12 个试样进行 X-ray CT 扫描，导出部分 CT 成像如图 2-9 所示。

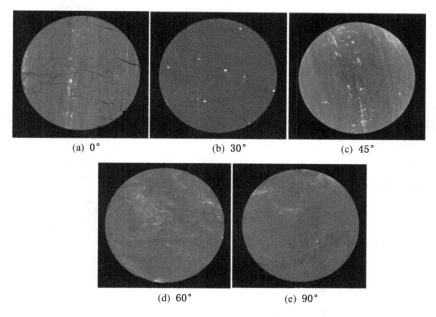

（a）0°   （b）30°   （c）45°

（d）60°   （e）90°

图 2-9　不同各向异性角度煤岩试样 CT 成像

2.3.2　煤岩单轴加载测试和声发射监测

1. 试验前准备

本试验采用应变片测量单轴抗压强度测试过程中煤岩试样受载变形情况。采用型号为 BX120-10A 的应变片测量加载过程中应变情况，该应变片灵敏系数为 2.08±1%，测量电阻为（119.6 ±0.1）Ω，应变片粘贴方式为正交粘贴，两组应变片角度为 90°，每组包含两个应变片，一个径向，一个轴向，且二者相互垂直粘贴（图 2-10）。试验中采用 Model P3 应变仪采集应变数据，应变片采用并联式解法。

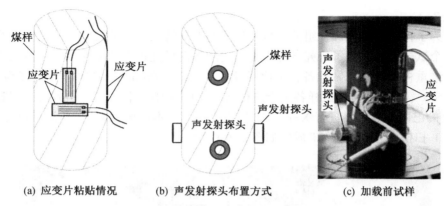

(a) 应变片粘贴情况　　(b) 声发射探头布置方式　　(c) 加载前试样

图 2-10　应变片、声发射探头布置方式

2. 单轴加载试验机

煤岩试样单轴加载试验（包括单轴抗压强度测试、巴西劈裂实验）均采用 WDW-100E 型万能试验机，该设备最大试验力为 100 kN；试验机精度为 ±0.5%；力值范围是最大试验力的 0.4%～100%；横梁位移测量分辨率 0.001 mm；横梁速度范围是 0.005～500 mm/min，无级调速。试验机如图 2-11 所示。

(a) 现场布置情况　　　　(b) 破坏后煤岩试样

图 2-11　试验机布置情况及破坏后的煤岩试样

3. 声发射监测

本试验采用美国声学公司 PCI-2 设备监测记录单轴加载过程中的声发射特

征。PCI-2 上装有 8 个可选参数通道，每个通道有 16 位的 A/D 转换器，速度为
10000 个/s；每个通道上声发射特性由 FPGA 硬件进行高速信号实时处理；其共
有 4 个高通、6 个低通滤波器，通过软件控制可选择滤波范围；带宽为 1~3000 kHz；
动态范围大于 85 dB。本试验采用 4 个 Micro 30S 传感器（直径 10 mm，考虑到试
样尺寸），以波形流模式记录声发射特征。声发射探头布置形式和声发射设备如
图 2-10a 所示，破坏后煤岩试样如图 2-11b 所示。

3 原生结构在煤岩裂纹扩展中的耦合作用机制

基于岩石结构面的理论研究成果，结合 X-ray CT 扫描、数字散斑、巴西劈裂实验结果，本章研究了煤岩中原生结构类型、各向异性展布特征和尺寸演化规律，探讨了结构面在煤岩失稳破坏中的作用，分析了结构面对煤岩宏观力学特性的影响，探究了各原生结构在煤岩裂纹扩展中的作用及其耦合作用机制。

3.1 煤岩内部原生结构的各向异性和尺寸演化特征

3.1.1 煤岩内原生结构

1. 煤岩的结构

煤田地质学中，煤岩结构是指煤岩成分的形态、大小、厚度、植物组织残迹，以及它们之间相互关系所表现出来的特征。它反映了成煤原始物质的成分、性质及在成煤时和成煤后的变化。煤岩内结构主要包括原生结构和次生结构两种。

原生结构是指由成煤原始物质及成煤环境所形成的结构，常见的原生结构有以下 8 种：条带状结构、粒状结构、线理状结构、叶片状结构、木质状结构、凸镜状结构、均一状结构纤维状结构。

次生结构是指煤层形成后受到应力作用产生各种次生的宏观结构，次生结构主要包括：碎裂结构、碎粒结构、糜棱结构。

2. 煤岩的构造

煤田地质学中构造是指煤岩成分空间排列和分布所表现出来的特征。它与煤岩成分自身的特征（形态、大小等）无关，而与成煤原始物质聚积时的环境有关。煤岩的原生构造分为层状构造和块状构造。

层状构造是指沿煤层垂直方向上可看到明显的不均一性，主要是由组成成分不同而引起，或是煤岩成分的变化，富集含无机矿物夹层所引起，表现为层理。按层理的形态，可分为水平层理、波状层理和斜层理等。其中，水平层理（连续状、不连续状）反映泥炭沼泽内成煤原始物质在平静的环境中，几乎没有水流动的条件下沉积形成。波状层理（不连续状、水平波状、凸镜状）反映植物堆积时，沼泽内的水介质有微弱的运动。斜层理则反映水介质有强度较大定向流动的堆积环境。

块状构造是指煤岩的外观均一，观察不到层理。主要是成煤物质相对均匀，在沉积环境稳定滞水的条件下形成腐泥煤、腐植腐泥煤及一些暗淡型腐植煤具有块状构造，由于构造变动使煤岩产生次生构造，如滑动镜面、鳞片状构造、揉皱构造等，而次生构造可以改变或破坏煤岩的原生构造。

3. 煤岩的裂隙

煤岩的裂隙是指煤岩受到自然界各种应力作用而形成的裂开现象。按成因不同可分为内生裂隙和外生裂隙。

内生裂隙是在煤化过程中，煤中的凝胶化物质受到温度和压力等因素的影响，体积均匀收缩产生内张力而形成的一种张裂隙。其特点是垂直或大致垂直层理，裂隙面较平坦，常伴有眼球状的张力痕迹；有两组裂隙方向大致相互垂直，通常被称为面割理和端割理。

外生裂隙是在煤层形成之后，受构造应力的作用而产生。外生裂隙可出现在煤层的任何部分，与煤层的层理呈不同角度相交，并切穿煤岩成分和煤岩分层的层理。外生裂隙面上常有波状、羽毛状或光滑的滑动痕迹，有时可见到次生矿物或破碎的煤屑，外生裂隙面有时与内生裂隙面重叠。

4. 煤岩内原生结构

煤田地质学描述的煤岩结构和构造，表述了由于成煤沉积环境、地质构造作用下，天然煤岩所具有的非均质性、表观特征的规律性等宏观力学特征。岩石力学研究表明，煤岩内表观可见的割理、裂隙、矿物夹杂等细观结构，对煤岩力学特性有显著影响，使煤岩力学性质表现出显著的各向异性特征。

煤岩宏观裂隙、结构、构造、矿物夹杂均与早期成煤沉积环境和后期地质构造密切相关，属煤岩天然伴生结构，为方便表述，本书中将影响煤岩宏观力学特性的煤岩宏观结构、构造、矿物夹杂，统称为煤岩的原生结构。

3.1.2 煤岩原生分布的各向异性特征

本研究采用 NanoVoxel 4000 X-ray CT 扫描设备，直径为 50 mm，高径比 2：1，钻芯方向与层理延伸方向夹角组成的各向异性角度分别为：0°、30°、45°、60°和 90°；直径分别为 25 mm、38 mm、50 mm 和 75 mm，层理延伸方向平行于钻芯方向的巴西圆盘煤岩试样进行了 X-ray CT 扫描。根据扫描结果，对不同各向异性角度和尺寸的煤岩试样进行重构分析，并获得煤岩内各原生结构分布的各向异性特征（图 3-1）。

由图 3-1 可知，与以往研究结果一致，煤岩原生结构主要为节理、原生裂隙以及矿物夹杂。煤岩试样中矿物夹杂与层理的延伸方向具有一致性，且表现出明显的沉积特征，大致呈带状分布，散布与层理间具有不均匀性，可能受沉积环境影响，各煤岩试样中矿物夹杂的分布特征也不尽相同，在密度、均匀程度上也有差异。

由以往研究可知，煤岩试样内存在两组主要割理，即面割理和端割理，面割理延伸长度大，且较为发育；被面割理横切的另外一组割理称为端割理。本试验中，观测到显著割理特征的原生裂隙，其延伸方向与层理垂直，与加载方向夹角大致呈 β 或（$90°-\beta$）（β 为各向异性角度）。煤岩试样中割理的分布也具有显著的不均匀特征，在煤岩试样各个区域的分布具有不均匀性，且容易集中出现在一个区域，而在其他区域割理发育相对较少，在各试样中割理的分布也不尽相同，不具有均一性（图 3-1c）。

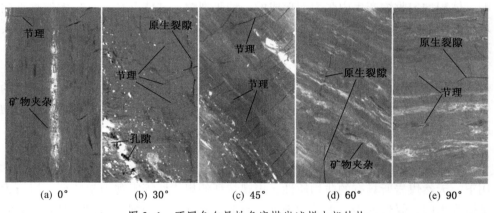

（a）0° （b）30° （c）45° （d）60° （e）90°

图 3-1 不同各向异性角度煤岩试样内部结构

同时，煤岩试样中也存在除割理外的原生裂隙，其数量相对较少，延伸方向、尺寸、分布规律也具有随机性；部分原生裂隙、矿物加载集中区域也具有非连续特征，将原生裂隙分割成孔隙特征（图 3-1b）。

由此可知，煤岩内部矿物夹杂的展布具有方向性，其分布与层理具有一致性；割理的展布也具有方向性，其与层理延伸方向垂直；除割理外的原生裂隙，数量较少，其分布及尺寸具有随机性。矿物夹杂、割理及原生裂隙均具有非均匀性分布特征，这可能会增加煤岩力学性质各向异性特征演化的复杂性。

3.1.3 煤岩原生结构的尺寸演化特征

一般认为，煤岩内割理、原生裂隙等非连续结构数量随试样尺寸增加而增多，降低煤岩内部裂隙扩展所需应力阈值和煤岩的整体性，是造成煤岩力学特性呈现尺寸演化特征的主要原因。

随着 X-ray CT 及计算机技术研究进步，研究者发现，裂隙具有三维形貌特征，采用单一截面上裂隙数量、长度等来表述煤岩内裂隙发育特征，确定该裂隙发育状况下煤岩体力学特性，具有一定的合理性，但对于煤岩力学特性非均质性及尺寸演化机理的研究方面，该表征方法仍不够精确。此外，原生结构展布各向异性特征的研究也表明，除割理、原生裂隙外，煤岩内部仍存在矿物夹杂这一天然沉积组分，其随煤岩试样尺寸演化特征的揭示，也会给煤岩力学特性尺寸演化机理的研究带来新的突破。

因此，基于前述不同各向异性角度和尺寸煤岩试样的 X-ray CT 扫描结果，结合三维重构技术，对煤岩内割理、原生裂隙、矿物夹杂等原生结构随试样尺寸演化特征进行研究，厘清煤岩内各原生结构随试样尺寸演化特征，为后续煤岩力学特性尺寸演化机理研究，提供数据支撑。

为了准确表征煤岩内部原生结构的尺寸演化特征，本书对煤岩内原生结构的尺寸演化规律的表征与计算采用两种方式，即分别基于同一煤岩试样和不同煤岩试样分析原生结构体积的尺寸演化特征。基于同一煤岩试样原生结构体积的尺寸演化特征计算，是为了获得同一煤岩体内，原生结构随试样体积连续变化特征；而基于不同直径煤岩试样内原生结构体积尺寸演化特征的计算，是为了验证基于同一煤岩试样计算得到原生结构尺寸演化特征的准确性。二者相互验证，从而更好地揭示煤岩内原生结构的尺寸演化特征。由于割理、原生裂隙、孔洞均为煤岩内存在的不连续结构，本研究一同将其归类为裂隙进行分析计算。

1. 基于同一煤岩试样的原生结构尺寸演化规律

该计算方法需基于 X-ray CT 图片的数字属性，并利用相关三维重构技术，发展出三维重构的图像分割技术，实现提取 X-ray CT 图像不同尺寸区域范围内各介质数字信息，重建真实煤岩试样内部不同尺寸及区域的三维数值模型，将同一煤岩试样数值分割为不同尺寸的三维数值模型。

本研究中使用 Avizo 软件中的 Volume Fraction 模块，进行煤岩试样的数值分割。所分割的煤岩试样直径为 75 mm，高径比 2∶1，各向异性角度为 45°。在该煤岩试样 X-ray CT 扫描结果上，依次截取直径为 25 mm、38 mm、50 mm、75 mm，高径比为 2∶1 的试样，截取方案如图 3-2 所示。不同尺寸试样分三组截取，即从原试样的 A、B、C 三个角度，向对角方向扩展，截取后 A 组的煤岩试样如图 3-2 所示。

对于分割和重构获得的不同尺寸煤岩试样，采用相同的灰度值阈值划分矿物

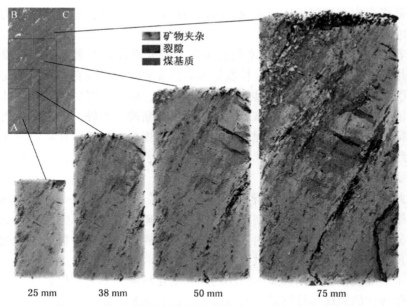

图 3-2　基于图像分割的原生结构尺寸演化规律研究技术

夹杂、煤基质、裂隙的组分，并计算各试样内矿物夹杂和裂隙的体积。对同一尺寸煤岩试样分组内，计算获得的各煤岩试样矿物夹杂和裂隙的体积求均值，即得到煤岩试样内部各原生结构体积随煤岩试样尺寸演化规律，如图 3-3 所示。

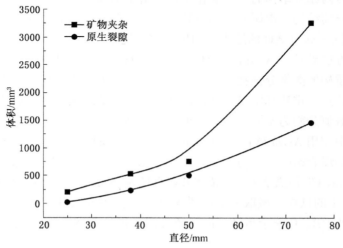

图 3-3　基于图像分割技术的煤岩内部原生结构尺寸变化规律

各原生结构的平均体积随着煤岩试样尺寸的增加而增加，当试样直径从 25 mm 增加到 50 mm 时，原生裂隙平均体积从 19.86 mm³ 增加到 510.02 mm³；矿物夹杂的平均体积从 210.28 mm³ 增加到 758.82 mm³，其增加量显著大于原生裂隙。

2. 基于不同尺寸煤岩试样原生结构的尺寸演化规律

为了验证基于同一煤岩试样的原生结构尺寸演化规律的准确性，本节基于直径分别为 25 mm、38 mm、50 mm 和 75 mm，高径比 2∶1 巴西圆盘试样的 X-ray CT 扫描结果，结合三维重构技术，计算不同尺寸煤岩试样内矿物夹杂、裂隙的体积，分析煤岩内各原生结构的尺寸演化规律，获得不同尺寸煤岩试样三维重构模型和各原生结构尺寸演化特征，如图 3-4 所示。

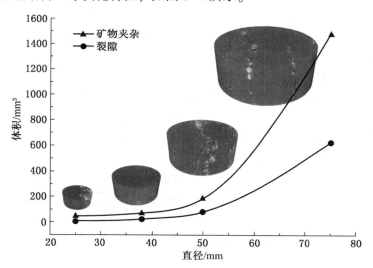

图 3-4　基于不同尺寸煤岩试样的原生结构尺寸变化规律

在不同尺寸巴西圆盘试样中，各原生结构体积均随试样尺寸增加而增加，当试样直径从 25 mm 增加到 75 mm 时，矿物夹杂体积从 47.11 mm³ 增加到 1476.84 mm³，原生裂隙体积从 3.49 mm³ 增加到 628.77 mm³，增量分别为 1429.73 mm³ 和 625.28 mm³，其中各尺寸煤岩试样中矿物夹杂体积及其随试样尺寸增量均大于裂隙，这与基于图像分割技术获得的原生结构尺寸演化特征一致。

整体上看，当试样直径由 50 mm 增加到 75 mm 时，矿物夹杂和原生裂隙随试样直径呈近似指数函数关系，这与同一煤岩试样的原生结构尺寸演化规律一致。由此可知，基于图像分割和三维重构技术研究煤岩原生结构尺寸演化规律具有适用性，且原生结构随试样尺寸增加呈近似指数函数关系，且增加量在试样直径大于 50 mm 以后，变得更加显著。

另外，不同尺寸煤岩试样中，矿物夹杂物的平均体积和其随试样尺寸的增量均大于原生裂隙，这是先前研究未注意到的问题。由于矿物夹杂与煤基质成分及力学性质的显著差异，矿物夹杂的出现，势必会降低煤岩内部的连续性，这也会对煤岩力学性质的尺寸演化特征产生影响。

3.2 原生结构的力学效应

3.2.1 原生结构的力学简化

1. 结构面的定义

根据岩石力学领域定义，结构面是岩体中存在着的各种不同成因和不同特性的地质界面，它包括物质的分异面和不连续面，有一定方向、延展较大、厚度较小的二维面状地质界面。

2. 结构面的类型

按结构面形成原因，可分为原生结构面、构造结构面、次生结构面。

（1）原生结构面是在成岩过程中形成的结构面。可细分为：沉积结构面、火成结构面和变质结构面。其中，沉积结构面是沉积岩层在沉积成岩过程中形成的结构面，如层理、层面、假整合和不整合等。火成结构面是岩浆侵入活动及冷凝过程中形成的原生结构面，如岩浆岩的流层、流纹、冷却收缩而形成的张裂隙；火成岩体与围岩的接触面等。变质结构面是受变质作用形成的结构面，如片理、板理等。

（2）构造结构面，在各种构造应力作用下产生的结构面，如节理、断裂、劈理以及由层间错动引起的破碎带等。

（3）次生结构面，在各种次生作用下形成的结构面，如风化裂、冰冻裂隙以及重力卸载裂隙等。

3. 原生结构的力学简化

由图 3-2 可知，裂隙、矿物夹杂等原生结构在煤岩内部以面状形式分布，对煤基质进行分割，增加了煤岩内的不连续性，其力学作用与构造结构面、次生结构面、原生结构面具有相似性，由于煤岩试样的小尺度特征。因此，在二维平面力学分析中，可将原生结构连续分布区域简化为结构面（图 3-1）。

而在力学分析中，可假设煤岩内部单一原生结构分布如图 3-5 所示，此处原生结构类型可为连续分布的原生裂隙、割理、矿物夹杂等。在煤岩试样内部受力分析中，可将原生结构及其周围煤岩体分割出来，视为含有单一贯穿原生结构的煤岩体结构，可在此基础上进行力学分析，研究受载条件下原生结构的力学响应特征（图 3-5b）。

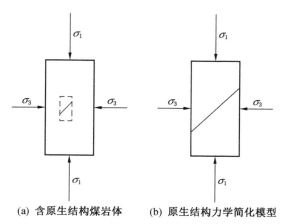

（a）含原生结构煤岩体   （b）原生结构力学简化模型

图 3-5　煤岩原生结构力学简化

因此，煤岩中具有确定方向和展布特征的割理、矿物夹杂等原生结构，由于其分布的连续性，使其在理论分析时可简化为沿不同方向分布的结构面，相关研究可按岩石力学中结构面力学效应进行分析。因此，本书以结构面的力学效应为基础研究原生结构的力学效应。

3.2.2　单结构面的力学效应

由前述研究可知，同一煤岩试样内割理、矿物夹杂等原生结构分布方向具有一致性，进行单一连续分布原生结构力学分析时，可将原生结构形成的结构面简化为单一结构面进行力学分析。根据岩石力学研究，对于岩石内部含有单一结构面，当岩石受外力作用时，结构面上出现正应力 σ 及剪应力 τ，且正应力和剪应力值的大小随主应力及水平面与结构面的夹角不同而变化，如图 3-6a 所示。若结构面受有主应力 σ_1 和 σ_3 作用，结构面与水平面夹角为 ω，则莫尔应力圆周上 P 点的坐标，即节理面的应力状态为

$$\begin{cases} \sigma = \dfrac{1}{2}(\sigma_1 + \sigma_3) + \dfrac{1}{2}(\sigma_1 - \sigma_3)\cos2\omega \\ \tau = \dfrac{1}{2}(\sigma_1 - \sigma_3)\sin2\omega \end{cases} \tag{3-1}$$

如果结构面失稳破坏强度准则符合库伦准则，其强度曲线也正好是 RQP，则结构面的强度方程为

$$S_s = C_i + \sigma \tan \varphi_i \tag{3-2}$$

式中，C_i 为结构面的内聚力；φ_i 为结构面的内摩擦角。

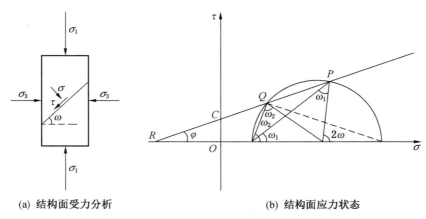

(a) 结构面受力分析　　　　　　(b) 结构面应力状态

图 3-6　单结构面上的力学特性

　　显然，当莫尔应力圆周上的 P 点正好位于结构面的强度曲线上，结构面也正好处于极限应力平衡，如图 3-6b 所示。此时，岩块将开始沿结构面产生滑移。当 ω 角减小时，表征结构面应力状态的 P 点将降至结构面强度曲线 RQP 之下，结构面上出现的剪应力 τ 将小于结构面的抗剪强度，因此，岩体将不沿结构面产生滑移。当 ω 角增大时，P 点位于强度曲线 RQP 之上，结构面上出现的剪应力 τ 将大于结构面的抗剪强度，因而，可使岩体沿结构面产生滑动，并可推知在此之前岩体已开始沿结构面产生滑移。但当 $\omega > \omega_2$ 时，P 点又位于强度曲线 RQP 之下，因而不会引起岩体沿结构面产生滑移。

　　联立式（3-1）、式（3-2）可知，当莫尔应力圆与结构面强度曲线相切时，必有 $\omega = 45° + \varphi_j/2$，且由图 3-6b 可以看出：

　　（1）当 $\omega_2 \geqslant \omega \geqslant \omega_1$ 时，岩石先于岩块产生沿结构面产生滑移，岩石强度取决于结构面力学性质；

　　（2）当 $\omega > \omega_2$ 或 $\omega < \omega_1$ 时，岩石不沿结构面产生滑移，岩石强度取决于岩块的强度，与结构面的存在无关。

　　结构面对岩块强度的影响程度，除与结构面本身力学性质有关外，还与结构面与水平面的夹角 ω 有关。当最小主应力 σ_3 为定值，$\omega = 45° + \varphi_j/2$ 时，岩石强度最低，承载力最小，岩体承载强度 σ_1 与 ω 角的关系如图 3-7 所示。

　　因此，对于单一连续分布原生结构，原生结构在煤基质内形成非连续隔断，

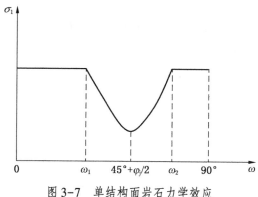

图 3-7　单结构面岩石力学效应

破坏了煤岩力学性质连续性，使其对煤岩力学特性的影响与单一结构面类似，与结构面对岩石力学性质影响类似，煤岩力学性质势必受原生结构力学性质、原生结构展布与水平面夹角影响。

3.2.3　双结构面的力学效应

对于两两垂直的原生结构，如割理，可将原生结构简化为两两垂直的双结构面进行力学分析（图3-8a）。根据岩石力学相关研究，当岩石中含有两组相交的结构面时，其力学效应可从单一结构面力学效应引申求解。在 σ_3 一定时，两组结构面分别与水平面的夹角，一般有以下三种关系：

（1）当两组结构面中仅有一组结构面与水平面的夹角为 $\omega_2 \geq \omega \geq \omega_1$ 时，岩石先于岩块产生沿该结构面产生滑移，岩块强度即取决于该组结构面的力学性质，若岩体发生破坏必将沿该结构面发生，且当结构面与水平面夹角为 $\omega = 45° + \varphi_j/2$ 时，φ_j 为结构面的内摩擦角，岩石的承载能力最小。

（2）两组结构面与水平面的夹角均为 $\omega_2 \geq \omega \geq \omega_1$ 时，岩体的强度将由其莫尔应力圆直径的大小而定，即依各结构面单独存在时承受极限时的 $(\sigma_1 - \sigma_3)$ 值确定。岩石将沿莫尔应力圆直径较小结构面发生破坏，岩石强度取决于该组结构面强度，当 $\omega = 45° + \varphi_j/2$ 时，岩石的承载能力最小。

（3）两组结构面均为 $\omega > \omega_2$ 或 $\omega < \omega_1$ 时，岩石不沿结构面产生滑移，岩石的强度取决于岩块本身的强度，而不受结构面存在的影响。

由此可见，当岩体中有两组结构面时，其力学效应主要取决于结构面本身的性能及其与水平面的夹角，且仅其中一组具有决定意义，二者在煤岩失稳破坏中存在竞争作用。由于两组结构面与水平面的夹角不同，如在两两垂直结构面，两夹角为互补关系，在实际研究中，两组结构面对岩石力学性质均有显著影响，其影响特征，均随结构面与水平方向夹角而变化。在岩石强度和结构面—水平面夹角示意图上，两结构面影响的叠加，使岩石强度呈双波谷的特征，波谷处结构面—水平面夹角为 $\omega = 45° + \varphi_j/2$（图3-8b）。

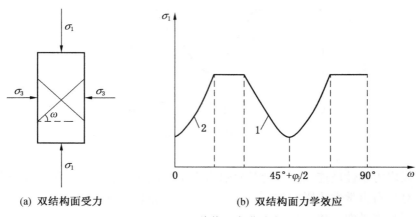

(a) 双结构面受力　　　　　　　　(b) 双结构面力学效应

图3-8　双结构面力学效应

　　因此，当两组原生结构形成的类结构面处于相交状态时，其对煤岩力学特性的影响与两组结构面类似，除受原生结构与最大主平面夹角影响外，各原生结构力学性质对煤岩承载能力也有很大影响，且各原生结构间及不同类型原生结构形成的结构面，在煤岩失稳破坏过程中裂纹扩展的影响也存在竞争。各原生结构形成结构面的耦合作用，可能会使煤岩力学特性呈现出显著的各向异性特征，且该各向异性特征，随决定性结构面与水平面夹角的变化而变化。

3.3　原生结构力学要素

3.3.1　结构面力学要素

　　根据岩石力学领域相关研究，结构面体现为岩体结构上的不连续和非均质，性质上的不连续和各向异性，并在很大程度上决定着岩体的力学性质。实践表明，结构面的产状、形态、延展尺度和密集程度以及结构面的胶结与充填情况等是影响岩体强度和稳定性的重要因素。

　　1. 结构面的产状

　　结构面的产状包含走向、倾向、倾角。走向是结构面与水平面相交的交线方向；倾向是与走向成垂直的方向，它是结构面上倾斜线最陡的方向；倾角是指水平面与结构面之间所夹的最大角度。根据结构面力学效应分析，结构面的产状对岩体是否沿某一结构面滑动起着控制作用，其产状与各加载方向的夹角对岩体力学性能影响显著。

2. 结构面的形态

结构面的形态可描述结构面表面特征，常见结构面形态有平直状、波状、锯齿状、台阶状和不规则状。结构面的形态决定着结构体沿结构面滑动时抗滑力的大小，当结构面的起伏度大、粗糙度高时，其抗滑力大。

3. 结面的延展尺度

延展度大的结构面对岩体强度有控制作用，对岩石的破坏有至关重要影响。按结构面的贯通情况，可将结构面分为非贯通性、半贯通性和贯通性三种类型。非贯通性结构面，结构面较短，不能贯通岩体或岩块，但它的存在使岩体或岩块的强度降低，变形增大（图3-9a）。半贯通性结构面虽有一定长度，但尚不能贯穿整个岩体或岩块（图3-9b）。贯通性结构面，结构面连续长度贯通整个岩体，它是构成岩体、岩块的边界，它对岩体的强度有较大的影响，破坏常受这种结构面控制（图3-9c）。

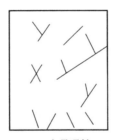
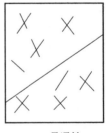

(a) 非贯通性　　　　　　(b) 半贯通性　　　　　　(c) 贯通性

图3-9　岩体内结构面贯通类型

4. 结构面的密集度

结构面的密集度是指岩体中发育的各组结构面的密度。一般以裂隙度和切割度作为衡量的指标。裂隙度是指沿测线方向单位长度上所穿过的结构面数量，裂隙度越大，表明结构面越密集。

切割度是指岩体被结构面分割的程度。有些结构面可将岩体完全切割，有些结构面由于其延展尺寸不大，只能切割岩体的一部分。当岩体中仅有一个结构面时，可沿着结构面在岩体中取一个贯通整体的假想平直断面，则结构面面积与该新面面积的比值，即为该岩体的切割度。

结构面的密集程度决定着结构体的尺寸和形状，能表征岩体的完整程度。结构面组数及其组合特征，反映了岩体中各个方向结构面的存在情况及它们对岩体的切割程度。结构面组数越多，结构体的块度就越小，岩体的完整性越差，其强度也越低。不同方向结构面分布越均匀，则岩体的各向异性越不明显，反之，则各向异性越显著。

5. 结构面的胶结与充填情况

结构面按胶结情况不同可分为胶结结构面和非胶结结构面两类。胶结结构面随着胶结物的成分不同，其力学效应有很大差异。非胶结结构面又可分为无充填物结构面和有充填物结构面两种。

3.3.2 原生结构力学要素

根据前述研究，矿物夹杂、原生裂隙、层理、节理等原生结构在煤岩体内形成非连续界面，与岩石力学领域结构面具有物理和力学特性的相似性，对比 3.2 节中原生结构在煤岩裂纹扩展中的作用，发现原生结构对煤岩力学影响较为显著的力学要素主要有原生结构产状、原生结构类型、原生结构延展尺度、原生结构密集程度四个方面。

1. 原生结构的产状

原生结构产状主要指原生结构的走向、倾向、倾角，与结构面类似，前述研究中原生结构的走向、倾向、倾角与加载方向的夹角影响结构面抗剪能力，进而影响裂纹扩展形态和煤岩承载能力。

2. 原生结构类型

原生结构类别即是原生结构类型，如矿物夹杂、割理等。受原生结构物理特性影响，各原生结构的力学特征有显著的差异性，如矿物夹杂与煤基质界面的抗剪强度、变形特性，与原生裂隙有显著差异，因而受载时的力学响应特征和裂隙扩展方式也有区别。

3. 原生结构延展尺度

原生结构的延展尺度是指原生结构在煤岩体中的延展长度。由于原生结构沿其展布方向形成结构弱面。因此，原生结构的延展尺度对煤岩力学特性的影响具有相似性。与结构面类似，贯通、半贯通和非贯通煤岩体的原生结构，对煤岩体强度影响的差异势必显著。

4. 原生结构的密集度

与结构面密集度类似，原生结构的密集度是指煤岩体中各类原生结构的密集程度，由 3.2 节可知，原生结构密集程度反映了煤岩体中各个方向原生结构分布状况，原生结构越密集，煤岩被原生结构分割越强，煤岩体完整性越差，对煤岩破坏特征影响越复杂。

沉积类岩石内部结构中，层理可视为贯通性结构弱面，节理一般为断续性结构面。因此，受层理及贯穿裂隙影响，岩石单轴抗压强度随加载方向与层理延伸方向夹角（各向异性角度）类型主要有三种变化特征：U 形、波形和肩形（图 3-10）。

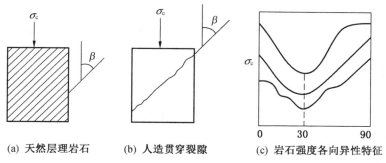

(a) 天然层理岩石   (b) 人造贯穿裂隙   (c) 岩石强度各向异性特征

图 3-10   岩石单轴抗压强度随各向异性角度变化特征

其中各向异性角度为 0° 或 90°，岩石试样单轴抗压强度最大；当岩石试样各向异性角度 $\beta = (45° - \varphi/2)$（$\varphi$ 为岩石内摩擦角）时，单轴抗压强度最小，对沉积类岩石，$(45° - \varphi/2)$ 值一般在 30°左右。这与单结构面力学效应影响下岩石强度随加载方向的变化特征具有一致性。因此，贯穿结构面/原生结构势必对煤岩力学特性具有显著影响。

3.4   原生结构在煤岩裂纹扩展中的耦合作用

3.4.1   研究方法

由原生结构力学效应分析可知，原生结构对煤岩力学性质的影响，主要体现在原生结构对煤岩裂纹起裂与扩展的影响。由于原生结构在煤岩试样内部，具有视觉的不可观测性。为了可视化研究原生结构在煤岩裂纹起裂、扩展中的作用，本研究采用 X-ray CT 扫描和三维重构技术，获得煤岩内部原生结构展布特征，再根据宏观裂纹扩展特征，结合数值散斑监测手段，分析原生结构在煤岩变形及宏观裂隙扩展中的作用，进而揭示原生结构在煤岩裂纹扩展中的耦合作用机制。本研究采用主要研究步骤如下。

（1）首先采用 X-ray CT 扫描巴西圆盘试样进行扫描，利用三维重构技术重构煤岩内部原生结构。

（2）对扫描后的煤岩试样，进行散斑喷涂，方便利用数字散斑监测设备监测拉伸破坏过程中煤岩应变分布及演化特征。

（3）对 X-ray CT 扫描、数字散斑喷涂后的巴西圆盘试样，进行劈裂加载，直至试样破坏。加载过程中，利用数字散斑监测设备监测煤岩表面的应变分布及演化特征。

（4）实验后，利用数字图像技术，获得破坏后煤岩试样宏观裂隙扩展特征，将煤岩内原生结构展布、煤岩破坏前后应变场分布、破坏后煤岩试样宏观裂隙扩展特征进行对比分析，进而获得原生结构在煤岩裂纹萌生、扩展、贯通中的作用及其耦合作用机制。

3.4.2 煤岩拉伸破坏特征

本研究所采用巴西圆盘试样为第二章中所加工的不同尺寸巴西劈裂圆盘试样，扫描设备及参数见 2.3 节。拉伸破坏后煤岩试样如图 3-11 所示。在不同尺寸巴西圆盘试样中，通常观察到四种类型的拉伸破坏模式即中心破坏型、非中心破坏型、中心边缘破坏型和中心多重破坏型。

中心破坏型，主裂纹沿圆盘试样中心扩展，扩展方向大致平行于加载方向；非中心破坏型，主断裂起始于圆盘上下加载点，在圆盘内部，主裂纹沿圆盘试样边缘扩展；中心边缘破坏型，主裂纹沿圆盘中部扩展，主裂纹靠近圆盘边缘部分，有分支裂纹产生；中心多重破坏型，圆盘中部有多条裂纹发育，一个主裂纹穿过中心部分并发育有侧向裂隙（图 3-11）。

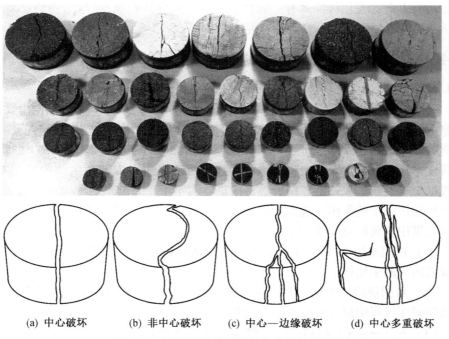

(a) 中心破坏　　(b) 非中心破坏　　(c) 中心—边缘破坏　　(d) 中心多重破坏

图 3-11　不同尺寸煤岩试样拉伸破坏特征

不同直径的试件中都观察到了上述四种失效模式，但破坏类型的比例随着煤岩试样尺寸的变化而变化。根据破坏类型的统计分析，当试样直径大于 50 mm 时，观察到更多的中心—边缘破坏和中心多重破坏。当圆盘试样直径小于 50 mm 时，中心破坏型和非中心破坏型更多。

3.4.3 原生结构在煤岩拉伸破坏中的耦合作用机制

为了研究原生结构对煤岩裂隙扩展的影响，揭示原生结构在煤岩拉伸破坏中的耦合作用机制，本研究选用直径为 50 mm，高径比 2：1 的巴西圆盘试样，结合数字散斑观测结果，获得试样破坏前原生结构及其周边应变场分布规律，对比煤岩试样拉伸破坏后裂纹扩展特征，揭示原生结构在煤岩拉伸破坏中的耦合作用机制，对比分析结果如图 3-12 所示。

1. 煤岩拉伸破坏前原生结构集中区域应变分布

煤岩内原生结构展布如图 3-12d 所示。在煤岩拉伸破坏之前，矿物夹杂、原生裂隙集中区域均出现较大的水平应变集中。图 3-12a 中，矿物夹杂集中区域应变集中以负应变为主，即图 3-12a 中浅色区域；原生裂隙集中区域应变集中以正应变为主，即图 3-12a 中深色区域；在矿物夹杂、原生裂隙集中区域交界处，观察到了正负应变过渡现象，即负水平应变场集中处出现具有正水平应变（深色）的孤立点。

2. 原生结构作用下煤岩裂纹扩展特征

煤岩试样拉伸破坏后，研究采用的巴西圆盘试样中，煤岩破坏裂纹主要有两条，即边缘裂纹和主裂纹，如图 3-10a 和图 3-10d 所示。主裂纹处于巴西圆盘中部，在矿物夹杂集中区域，裂隙沿矿物夹杂集中区边缘的应变大幅度变化过渡区扩展；在原生裂隙集中区域，裂纹扩展沿正负应变过渡区域，贯通不同应变集中区域，由于原生裂隙集中区域多为应变集中区，结合以往研究，可推断裂隙贯穿原生裂隙，止于原生裂隙，并沿原生裂隙扩展。边缘裂隙处于矿物夹杂带状集中区域，裂纹扩展前，该区域出现水平应变正负变化过渡区；在拉伸破坏之后，由于水平应变较大，矿物夹杂和原生裂隙应变集中不再显著，而宏观裂隙两侧区域应变差异显著，如图 3-12c 所示。

由以上分析可知，原生裂隙、矿物夹杂的应变场与煤基质的应变场显著差异，产生应变集中区和正负应变过渡区域，煤岩裂纹萌生、扩展主要在应变过渡区域。在裂纹扩展过程中，主裂纹、边缘裂纹多沿矿物夹杂与煤基质边缘扩展，在原生裂隙集中区域沿原生裂隙扩展并连接不同原生裂隙，如图 3-12 所示。同时，主裂纹和边缘裂纹的分布表明，不同原生结构的分布产生的应变差异，会导致裂隙萌生和扩展形态的不同，进而影响煤岩破坏形式。

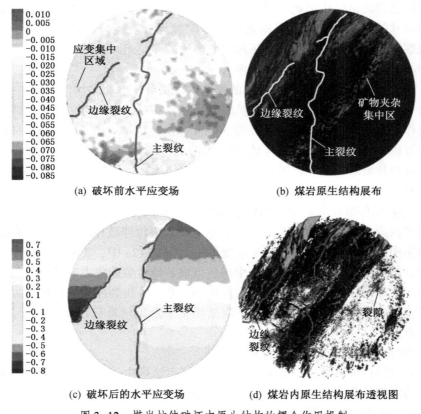

(a) 破坏前水平应变场　　　　　　(b) 煤岩原生结构展布

(c) 破坏后的水平应变场　　　　　　(d) 煤岩内原生结构展布透视图

图 3-12　煤岩拉伸破坏中原生结构的耦合作用机制

3.4.4　原生结构耦合作用下煤岩裂纹扩展特征

通过对比各巴西圆盘试样破坏前后的水平应变分布，进一步分析原生结构展布对煤岩破坏特征的影响。不同破坏类型煤岩试样拉伸破坏前后水平应变如图 3-13 所示。

1. 中心破坏型

由图 3-13a 可以看出，煤岩试样宏观破坏裂隙在试样中部，无其他次生裂隙。根据煤岩试样水平应变场分布特征，试样破坏前，多阶梯水平应变正负过渡区大致位于试样中部区域附近。由以往研究可知，试样中心区域拉应力较大，在中线区域较大的拉应力作用下，试样裂隙沿试样中心区域水平应变正负过渡区扩展，并贯穿多个水平应变正负过渡区，形成沿试样中心扩展的宏观裂隙，煤岩试样发生破坏。此过程中，试样水平应变也具有非均匀，由于水平应变正负过渡区域位于试样中线附近，宏观破坏裂纹出现在试样中央位置。

2. 非中心破坏型

由图 3-13b 可以看出，煤岩试样破坏宏观裂隙偏离试样中线。由水平应变场可知，煤岩试样左侧存在分散的水平应变集中区，这可能是由于该区域原生结构集中，试样内煤基质、原生裂隙应变变化不均匀导致，当宏观裂纹扩展时，受左侧原生结构影响，宏观裂隙扩展时沿应变过渡区域边缘发展，导致煤岩出现非中心破坏特征。

3. 中心—边缘破坏型

由图 3-13c 可以看出，主裂纹大致平行于加载方向，在煤岩试样边缘出现边缘裂纹，并与主裂纹贯通。煤岩试样破坏前，试样两侧水平应变场仍有点状分布的应变集中区域，但试样中线应变均匀分布，中线两侧应变过渡区大致对称，仅在试样右下部边缘观察到明显的应变过渡区，后期裂纹扩展主要沿试样中部，并在试样边缘应变变化显著区域，出现边缘裂缝，并与主裂纹贯通。

4. 中心多重破坏型

由图 3-13d 可以看出，宏观破坏裂隙在试样中部，呈多条裂隙发育特征。试样拉伸破坏前，在左右部分均观察到密集的点状应变集中区，且应变集中区域较多，试样两侧均匀分布，这表明盘状试样中原生结构的整体分布较为均匀，应变过渡区较多，这可能有助于在中间产生主裂缝和靠近主裂缝并大致平行于加载方向的多个次要裂缝。

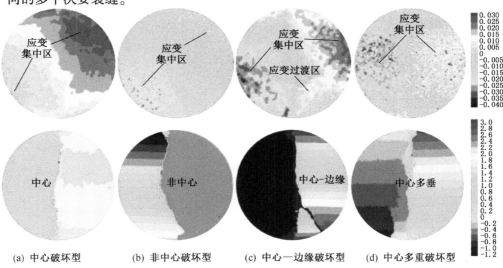

(a) 中心破坏型　　(b) 非中心破坏型　　(c) 中心—边缘破坏型　　(d) 中心多重破坏型

图 3-13　煤岩拉伸破坏前后试样水平应变变化

以上研究表明，由于煤岩内矿物夹杂、原生裂隙、煤基质力学性质差异，各组分受力后变形差异较大，导致裂隙沿矿物夹杂、原生裂隙集中区域扩展。裂隙沿矿物夹杂与煤基质边界萌生、扩展，裂隙在原生裂隙区域间贯通，原生结构展布的差异性导致煤岩试样的裂纹断裂起始和扩展的差异性。因此，煤岩内原生结构连续分布区域，可能会形成一个连续分布的结构面，这与前述假设一致。

4 煤岩单轴力学特性的各向异性及其尺寸演化特征

本章根据煤岩单轴力学测试、巴西劈裂实验结果，结合理论分析，研究了煤岩单轴抗压强度、应变、泊松比等基本力学参数的各向异性及其尺寸演化特征，分析了煤岩抗拉强度的尺寸演化规律，提出了煤岩强度的尺寸演化公式和各向异性和尺寸演化公式。

4.1 煤岩单轴力学特性的各向异性及其尺寸演化特征

4.1.1 单轴抗压强度

由单轴抗压强度测试获得的不同尺寸和各向异性角度煤岩试样的单轴抗压强度均值、标准差，见表4-1。显然，煤岩试样单轴抗压强度随试样尺寸增加而减少，直径为 25 mm、38 mm、50 mm、75 mm 煤岩试样单轴抗压强度均值分别为 14.93 MPa、13.38 MPa、12.31 MPa 和 11.53 MPa，减少量为 3.40 MPa。

同时，不同各向异性角度煤岩试样单轴抗压强度均随试样尺寸增加而减少，当煤岩试样直径由 25 mm 增加到 75 mm 时，各向异性角度为 0° 的煤岩试样单轴抗压强度由 16.01 MPa 减少到 11.88 MPa，减少量为 4.13 MPa；各向异性角度为 15° 的煤岩试样单轴抗压强度由 15.12 MPa 减少到 11.62 MPa，减少量为 3.50 MPa；各向异性角度为 30° 的煤岩试样单轴抗压强度由 13.23 MPa 减少到 10.43 MPa，减少量为 2.80 MPa；各向异性角度为 45° 的煤岩试样单轴抗压强度由 13.19 MPa 减少到 10.53 MPa，减少量为 2.66 MPa；各向异性角度为 60° 的煤岩试样单轴抗压强度由 14.51 MPa 减少到 11.30 MPa，减少量为 3.21 MPa；各向异性角度为 90° 的煤岩试样单轴抗压强度由 17.52 MPa 减少到 13.44 MPa，减少量为 4.08 MPa。

各组煤岩试样单轴抗压强度均值随各向异性角度和尺寸变化特征如图4-1所示。对于不同尺寸煤岩试样，其单轴抗压强度随各向异性角度变化特征具有相似性，实验所获得单轴抗压强度—各向异性角度曲线均呈 U 形。煤岩单轴抗压强度在各向异性角度 $\beta = 90°$ 处最大；在 $\beta = 0°$ 处观察到第二大值；最小强度煤岩各向异性角度在 30°和 45°之间，如图 4-1a 所示。

由图 4-1b 可知，对于具有不同各向异性角度的煤岩试样，其尺寸演化特征也具有相似性。煤岩试样直径由 25 mm 增加到 75 mm 过程中，单轴抗压强度减少量在煤岩试样各向异性角为 0°时最大；而在各向异性角为 45°时最少。这表明：煤岩单轴抗压强度的尺寸效应也存在因加载方向变化而变化的各向异性特征。

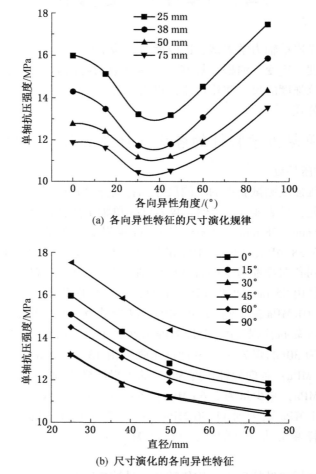

(a) 各向异性特征的尺寸演化规律

(b) 尺寸演化的各向异性特征

图 4-1　单轴抗压强度随煤岩尺寸和各向异性角度变化特征

煤岩强度各向异性表征，一般是将所需表征方向煤岩 P 波波速比上垂直于层理方向上的 P 波波速，并将该比值称为各向异性系数。本研究中，第二章中测得垂直于层理方向的 P 波波速随试样体积变化而变化，导致其在表征不同尺寸煤岩各向异性角度煤岩试样的各向异性时，存在区分性问题。因此，本研究引入同一尺寸、不同各向异性角度试样单轴抗压强度的标准差，来表征其各向异性特征随着试样尺寸的变化特征，见表4-1。

表4-1 不同尺寸和各向异性角度煤岩试样单轴抗压强度

各向异性角度/(°)	25 mm		38 mm		50 mm		75 mm	
	UCS/MPa	标准差/MPa	UCS/MPa	标准差/MPa	UCS/MPa	标准差/MPa	UCS/MPa	标准差/MPa
0	16.01	7.75	14.30	3.89	12.79	2.12	11.88	1.55
15	15.12	8.00	13.48	2.79	12.41	3.02	11.62	3.03
30	13.23	3.86	11.78	2.01	11.16	1.18	10.43	0.99
45	13.19	2.63	11.8	2.21	11.22	0.93	10.53	0.45
60	14.51	5.34	13.09	3.81	11.94	3.19	11.30	2.24
90	17.52	1.63	15.85	1.46	14.36	1.26	13.44	0.26
均值	14.93	1.53	13.38	1.42	12.31	1.09	11.53	1.00

当试样直径从 25 mm 增加到 75 mm 时，各组平均单轴抗压强度的标准偏差从 1.53 MPa 减小到 1.00 MPa；各向异性角度-单轴抗压强度所组成 U 形曲线的开口也逐渐变得平缓，如图 4-1a 所示，这表明，随着试样尺寸的增加，不同各向异性角度煤岩试样单轴抗压强度在平均值上下波动减小，即不同各向异性角度煤岩试样强度差异减少，各向异性特征降低。

根据前述研究，结合煤岩单轴抗压强度的 U 形特征可知，煤岩单轴抗压强度较符合单一结构面力学效应，受一组断续结构面影响的沉积类岩石的各向异性特征，而在煤岩试样内，符合上述结构面只有层理结构，这也表明，层理对煤岩单轴抗压强度的影响较为显著。

4.1.2 峰值应变

峰值应变是表述煤岩轴向变形能力的力学参数，单轴压缩试验获得的不同尺寸和各向异性角度煤岩试样峰值应变均值及标准差见表 4-2。各煤岩试样平均峰值应变与平均单轴抗压强度大致成正比，峰值应变随煤岩试样尺寸增加而降低，直径为 25 mm、38 mm、50 mm、75 mm 煤岩试样峰值均值分别为 1.52%、1.44%、1.38% 和 1.31%，减少量为 0.21%。

表4-2 不同组煤岩试样峰值应变均值与方差

各向异性角度/(°)	25 mm		38 mm		50 mm		75 mm	
	应变/%	标准差/%	应变/%	标准差/%	应变/%	标准差/%	应变/%	标准差/%
0	1.71	0.435	1.56	0.39	1.48	0.257	1.38	0.202
15	1.37	0.342	1.39	0.302	1.33	0.204	1.24	0.172
30	1.36	0.211	1.30	0.194	1.29	0.178	1.21	0.12
45	1.39	0.083	1.35	0.42	1.26	0.07	1.22	0.053
60	1.50	0.383	1.40	0.269	1.34	0.209	1.30	0.262
90	1.77	0.587	1.62	0.185	1.55	0.309	1.5	0.121
均值	1.52	0.167	1.44	0.114	1.38	0.106	1.31	0.104

不同各向异性角度煤岩试样的峰值应变也随着试样尺寸的增加而减少。当煤岩试样直径由25 mm增加到75 mm时，各向异性角度为0°的煤岩试样峰值应变由1.71%减少到1.38%，减少量为0.33%；各向异性角度为15°的煤岩试样峰值应变由1.37%减少到1.24%，减少量为0.13%；各向异性角度为30°的煤岩试样峰值应变由1.36%减少到1.21%，减少量为0.15%；各向异性角度为45°的煤岩试样峰值应变由1.39%减少到1.22%，减少量为0.17%；各向异性角度为60°的煤岩试样峰值应变由1.50%减少到1.30%，减少量为0.20%；各向异性角度为90°的煤岩试样峰值应变由1.77%减少到1.50%，减少量为0.27%。

由以上可知，对不同各向异性角度煤岩试样，峰值应变大致随尺寸增加而减小（个别情况除外，如各向异性角度为15°，煤岩试样直径在25~38 mm时）。各向异性角度为0°时，试样峰值应变减少量较大，为0.33%；各向异性角度为90°次之，为0.27%；各向异性角度为15°~60°时，其减少量较小，相邻各向异性角度之间差值在0.02%左右。

煤岩峰值应变均值与各向异性角度曲线如图4-2所示。煤岩峰值应变具有相似的各向异性演化特征，随各向异性角度从0°增加到90°，煤岩应变—各向异性角度曲线大致呈U形。与单轴抗压强度—各向异性角度曲线相比，煤岩峰值应变—各向异性角度曲线的规律性波动较大。煤岩峰值应变最小值在各向异性角度为15°~45°，最大值在各向异性角度为90°，次大值在0°，见表4-2。

总体看来，煤岩峰值应变随着煤岩试样尺寸增加呈减小趋势，试样直径由25 mm增加到75 mm过程中，其均值从1.52%减少到1.31%；各组试样峰值应变的各向异性特征也随着尺寸增加而减小，其数据的标准差从0.167%（直径25 mm）减少到0.104%（直径75 mm），这与煤岩单轴抗压强度随尺寸变化趋势一致。

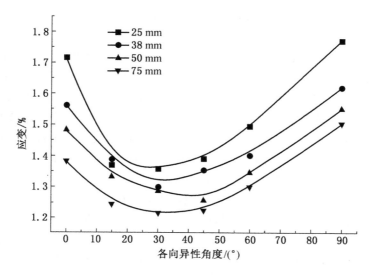

图 4-2 不同尺寸煤岩峰值应变随各向异性角度变化特征

4.1.3 泊松比

泊松比的计算通常采用横向应变绝对值比纵向应变的绝对值，在弹性工作范围内，泊松比一般为常数，但超越弹性范围以后，泊松比随应力增大而增大，直到 $\nu = 0.5$ 为止，故常用泊松比多为弹性阶段泊松比（近似常数）。本研究同样采用弹性阶段煤泊松比对煤岩泊松比的各向异性和尺寸演化特征进行分析。不同尺寸和各向异性角度煤岩试样的泊松比见表 4-3。

表 4-3 不同各向异性角度和直径煤岩试样的泊松比均值及变化量

各向异性角度/(°)	25 mm		38 mm		50 mm		75 mm	
	泊松比	标准差	泊松比	标准差	泊松比	标准差	泊松比	标准差
0	0.253	0.131	0.214	0.086	0.193	0.023	0.175	0.072
15	0.272	0.146	0.248	0.19	0.219	0.06	0.202	0.078
30	0.286	0.074	0.257	0.017	0.243	0.093	0.222	0.111
45	0.291	0.105	0.263	0.041	0.248	0.159	0.231	0.121
60	0.298	0.164	0.269	0.027	0.251	0.146	0.236	0.103
90	0.196	0.102	0.175	0.142	0.162	0.072	0.146	0.054
均值	0.266	0.058	0.238	0.033	0.219	0.028	0.202	0.023

显然，随着煤岩试样尺寸增加，泊松比同样表现出降低的特征。当煤岩试样直径为 25 mm、38 mm、50 mm、75 mm 时，其泊松比均值分别为 0266、0.238、0.219 和 0.202，减少量为 0.064。同时，不同各向异性角度煤岩试样单轴抗压强度均随试样尺寸增加而减少，当煤岩试样直径由 25 mm 增加到 75 mm 时，各向异性角度为 0°的煤岩试样泊松比由 0.253 减少到 0.175，减少量为 0.078；各向异性角度为 15°的煤岩试样泊松比由 0.272 减少到 0.202，减少量为 0.070；各向异性角度为 30°的煤岩试样泊松比由 0.286 减少到 0.222，减少量为 0.064；各向异性角度为 45°的煤岩试样泊松比由 0.291 减少到 0.231，减少量为 0.060；各向异性角度为 60°的煤岩试样泊松比由 0.298 减少到 0.236，减少量为 0.062；各向异性角度为 90°的煤岩试样泊松比由 0.196 减少到 0.146，减少量为 0.050。各向异性角度 0°的煤岩试样泊松比随试样尺寸减小而降低的量最为显著。

与单轴抗压强度、峰值应变不同，煤岩试样泊松比—各向异性角度曲线呈现与单轴抗压强度—各向异性曲线大致呈点对称特征，如图 4-3 所示。泊松比—各向异性角度曲线呈翻转 U 形（抛物线形），泊松比最大值在各向异性角度为 45°～60°，泊松比最小值在各向异性角度为 90°时获得，次小值在各向异性角度为 0°时得到，如图 4-3a 所示。

与单轴抗压强度、峰值应变类似，煤岩试样泊松比随着尺寸增加而减少，如图 4-3b 所示，其各组（同一各向异性角度、尺寸）试样间的泊松比离散性随着尺寸增加而减少，见表 4-3；同一尺寸内（不同各向异性角度）试样泊松比的离散性也随着尺寸增加而减少。这表明，泊松比的各向异性特征也随着试样尺寸的增加而降低。

泊松比随尺寸变化趋势也表明，煤岩径向应变能力随着尺寸增加而相对减少。这可能与较大煤岩试样内较多的裂隙含量有关，煤岩试样尺寸增加，裂隙含量和尺寸均增加，在相同裂隙破坏阻力条件下，大尺寸煤岩试样内较多分布的裂隙更容易连通而形成宏观破坏，导致较大尺寸煤岩试样内破坏时，径向变形能力、泊松比以及峰值强度，均小于较小尺寸煤岩试样。

煤岩泊松比—各向异性角度和单轴抗压强度—各向异性角度曲线大致呈点对称，这可能与煤岩内层理、节理分布有关。煤岩内层理与加载方向成 β 夹角，节理与加载方向呈（90°-β）夹角，属互补关系。各向异性角度为 0°、90°时，加载方向垂直、平行于层理，节理（割理）容易被轴向压缩，试样轴向应变量大，因而泊松比较小。各向异性角度接近45°及（45°±φ/2）时，其加载方向与节理（割理）方向角度接近45°，节理（割理）轴向压缩量小，试样即已发生破坏，试样扩容较其他角度容易，因而泊松比较大，使其泊松比和单轴抗压强度—各向

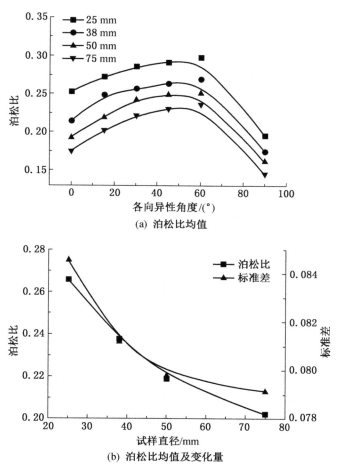

(a) 泊松比均值

(b) 泊松比均值及变化量

图 4-3　不同尺寸煤岩试样泊松比均值随煤岩试样各向异性角度、直径变化特征

异性角度曲线大致呈点对称。

4.2　煤岩强度的各向异性和尺寸演化理论

4.2.1　尺寸效应模型

　　一般认为，煤岩的尺寸效应与煤岩试样内原生结构数量有关，较大体积试件内部，裂隙等含量较高，因而具有较低的强度，较小试样则反之。此外，国内外学者根据尺寸效应研究情况，也提出了许多经验公式，比如 Weibull 基于试样尺寸和强度的统计得出的。

$$m\log\frac{\sigma_1}{\sigma_2} = \log\frac{V_1}{V_2} \tag{4-1}$$

式中，σ_1 和 σ_2 分别是体积为 V_1 和 V_2 岩石试样单轴抗压强度；m 是一个常数，表示两者比值对数函数的斜率。然而，根据 Bieniawski 的研究，该公式并不适用于煤岩，因为煤岩中 $\log(\sigma_1/\sigma_2)$ 和 $\log(V_1/V_2)$ 的比值并不是一个常数。

Protodiakonov 和 Koifma 提出了一个基于该公式的变形公式，

$$\sigma_l = \frac{l + ce}{l + e}\sigma_M \tag{4-2}$$

式中，σ_l 是试样长度为 l 的立方体岩样的单轴抗压强度；$c = \sigma_0/\sigma_M$ 是一个常数，其中 σ_M 为岩体强度，即 $l \to \infty$，σ_0 是岩石试样长度 $l \to 0$ 时的单轴抗压强度。该公式表明，当岩石试样长度 $l \to \infty$ 时，岩石试样强度趋于一个常数，然而，当试样长度 l 小于裂隙长度 e 时，该公式中 e 值的选取缺乏相应的逻辑依据。

Bieniawski 基于实验室和现场试验，提出两个关于岩石尺寸效应的公式，

$$\sigma = 1100\frac{w^{0.16}}{h^{0.55}} \tag{4-3}$$

$$\sigma = 400 + 220\frac{w}{h} \tag{4-4}$$

式中，σ 为试样单轴抗压强度，w 是试样（煤柱）宽度，h 是试样（煤柱）高度。然而，式（4-3）和式（4-4）分别应用于煤岩试样和煤体单轴抗压强度与煤岩试样尺寸的关系，二者表明，随着尺寸的增加，具有确定形状的煤柱单轴抗压强度会趋近于一个定值。然而，二者也存在实际应用的问题，实践中，很难找到一个尺寸的分界点，来区分应用这两个公式。与二者类似的公式还有

$$\sigma = 7.2w^{0.46}/h^{0.66} \tag{4-5}$$

$$\sigma = 8.6w^{0.51}/h^{0.84} \tag{4-6}$$

$$\sigma = 6.88w^{0.50}/h^{0.70} \tag{4-7}$$

基于公开发表的煤岩单轴抗压强度和岩石尺寸、种类，Hoek and Brown 也提出了关于岩石试样单轴抗压强度和试样尺寸的经验公式：

$$\sigma_d = \sigma_{50}\left(\frac{50}{d}\right)^{0.18} \tag{4-8}$$

式中，σ_{50} 是直径为 50 mm 的试样的单轴抗压强度，σ_d 是直径为 d mm 的试样的单轴抗压强度。虽然式（4-8）表征了岩石试样单轴抗压强度和尺寸之间的负指数关系，但是其没有体现岩体体积为常数的普遍性单轴抗压强度—尺寸关系。

此外，Bazant 首先使用断裂能量理论定义尺寸效应模型，即 size-effect law（SEL），其表述如下：

$$\sigma = \frac{qf_t}{\sqrt{1 + (f/\lambda f_0)}} \qquad (4-9)$$

式中，σ 是单轴抗压强度，q 和 λ 是无量纲材料常数，f_t 是体积大小可忽略的样本常数，亦可称为材料固有强度，f 是样本尺寸特征参数，f_0 为样本最大聚合尺寸。该公式适用于准脆性和脆性材料，如混凝土、金属，但该公式在煤上的应用，并未有成功的案例。

Carpinteri 等提出来了一个尺寸效应模型，也本称为 Multifractal Scaling Law（MFSL），其具体表达式为

$$\sigma = \sigma_0 \sqrt{1 + \frac{f_l}{f_d}} \qquad (4-10)$$

式中，σ 是单轴抗压强度，f_l 是单位长度上的材料常数，f_d 是无限小试样尺寸，即材料的固有强度，d 是样品尺寸特征常数。式（4-10）中 f_d 控制强度的上下增减区间；f_l 则控制增加速率，其问题在于材料常数 f_l 的选取较为困难。

在式（4-9）、式（4-10）基础上，Masoumi 等提出了一个联合尺寸效应公式，即两个公式在以下条件下相交，

$$d_i = \left(\frac{qf_t}{\sigma_0}\right)^{2/(d_f-1)} \qquad (4-11)$$

式中，d_i 为样品尺寸常数，其他参数意义同式（4-9）、式（4-10）。该分段函数可用于描述具有特殊尺寸效应规律的岩石，比如，随着尺寸增加，样品单轴抗压强度先增加后减少，显然不适用于本研究煤岩试样的单轴抗压强度—尺寸变化规律。

综合考虑以往研究和本研究所获得的煤岩试样单轴抗压强度随尺寸变化规律，发现确定形状的煤岩试样单轴抗压强度与试样尺寸关系应有以下三个特征：

（1）煤岩试样尺寸和单轴抗压强度间的关系取决于煤岩的力学性能；

（2）煤岩试样尺寸与单轴抗压强度间呈负相关关系；

（3）对于确定形状的煤岩试样，当试样尺寸无穷大或无穷小时，其单轴抗压强度是常数。

4.2.2 各向异性模型

许多学者对岩石类材料各向异性特征进行了研究，并得出了相应的理论、经验、理论—经验公式，如 Saroglou 等改进了 Hoek-Brown 准则，使之适用于各向异性材料，其公式如下：

$$\sigma_1 = \sigma_3 + \sigma_{c\beta}\left(k_\beta \times m_i \frac{\sigma_3}{\sigma_{c\beta}} + s_i\right)^{0.5} \tag{4-12}$$

式中，σ_1、σ_3 是最大、最小主应力；$\sigma_{c\beta}$ 是在各向异性角度 β 下的单轴抗压强度；k_β 是描述各向异性影响；m_i 和 s_i 是与岩石力学性质有关的常数。

Rafiai 等提出了一种适用于单轴和三轴条件下的各向同性岩石破岩准则，其也被拓展到岩体强度研究，后来，该公式被 Saeidi 转化为适用于各向异性岩石的破坏预测与强度分析的公式：

$$\sigma_1 = \sigma_3 + \sigma_{c\beta}\left[\frac{1 + P(\sigma_3 + \sigma_{c\beta})}{\zeta + Q(\sigma_3 + \sigma_{c\beta})}\right] \tag{4-13}$$

式中，$\sigma_{c\beta}$ 是不同各向异性角度岩石的单轴抗压强度；ζ 是根据岩石各向异性强度而取的强度折减参数，P 和 Q 是与材料有关的常数，σ_1、σ_3 分别是最大、小主应力值。

Jaeger 研究发现，平面主应力（$\sigma_1 > \sigma_3$）作用条件下，对于剪切强度连续变化的一系列弱面，如图 4-4 所示，其任一弱面上剪切强度可用式（4-14）表示：

$$\tau = m - n\cos2(\alpha - \beta) \tag{4-14}$$

式中，τ 是与最大主应力方向夹角为 α 的切面上的剪切强度，β 是剪切强度最小弱面与最大主应力的夹角，α、$\beta \in [0°, 90°]$，m、n 与材料有关的是常数。对于符合库伦破坏准则的试样，其破坏符合式（4-15）：

$$(\tau_m + n\sin2\beta)\sin2\alpha + (\mu\tau_m + n\cos2\beta)\cos2\alpha = m + \mu C_m \tag{4-15}$$

式中，$\tau_m = 1/2(\sigma_1 - \sigma_3)$ 是试样内最大剪应力，$C_m = 1/2(\sigma_1 + \sigma_3)$ 是主应力均值，σ_1、σ_3 是最大、最小主应力，μ 是内部摩擦系数。Donath 将式（4-15）替换成以最大、最小主应力表示方式，得式（4-16）：

$$\sigma_1 = \frac{\sigma_3\cos\alpha(\sin\alpha + \mu\cos\alpha) - n\cos2(\alpha - \beta) + m}{\sin\alpha(\cos\alpha - \mu\sin\alpha)} \tag{4-16}$$

之后，在单轴加载条件下，$\sigma_3 = 0$，式（4-16）可转化为式（4-17）：

$$\sigma_1 = \frac{m}{\sin\alpha(\cos\alpha - \mu\sin\alpha)} - \frac{n}{\sin\alpha(\cos\alpha - \mu\sin\alpha)}\cos2(\alpha - \beta) \tag{4-17}$$

在确定材料中，μ、m、n 均为常数，当弱面（层理面）与加载方向夹角 α 为各向异性角度 β 时，即 $\alpha = \beta$，σ_1 即为单轴压缩强度，式（4-17）进一步简化为式（4-18）：

$$\sigma_\beta = A - B\cos2(\beta - \beta_{\min}) \tag{4-18}$$

式中，σ_β 是各向异性角度为 β 的试样单轴抗压强度，$\beta_{\min}$ 单轴抗压强度最低时，试样的各向异性角度，后续研究中常数 A 和 B 被进一步简化为与岩石材料有关的常数。该公式仅能适用于单一弱面的横观各向异性材料。对于具有不同各向异性角度煤岩试样，其最弱面与加载方向夹角接近于各向异性角度（45°−$\varphi/2$），而单轴抗压强度取决于最弱面与层理之间的夹角，即（$\beta-\beta_{min}$）。

根据 X-ray CT 扫描获得煤岩试样内部原生结构展布、单轴抗压强度—各向异性角度曲线特征，以及以往研究可知，层理对煤岩试样力学性质影响显著，煤岩试样整体可视为宏观各向同性材料。因而，本研究煤岩试样的单轴抗压强度、各向异性角度之间的关系可根据层理角度规律性变化进行研究。

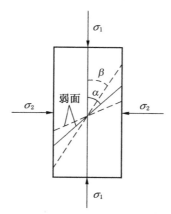

图 4-4　含弱面试样受平面应力作用示意图

4.3　煤岩强度广义尺寸效应公式

4.3.1　广义尺寸效应公式的提出

1. 以往尺寸效应公式在煤岩中的适用性

根据以上研究结果，符合本研究煤岩试样尺寸效应特征的有式（4-3）、式（4-8），因此，笔者对二者中表述的试样尺寸参数进行相应的转化，以便能运用煤岩试样直径和相应单轴抗压强度对其进行回归分析，以验证其在圆柱煤岩试样尺寸效应的适用性。

由于本研究试样高径比固定，为了便于回归分析，本研究将式（4-3）进行相应转化，因而新方程可表示为：

$$\sigma = Cz^{-0.39} \tag{4-19}$$

式中，σ 为试样单轴抗压强度，MPa；为了使式（4-19）具有广泛的适用性，将 C 定义为一个与材料整体物理力学性质相关的常数；z 为试样直径或者具有一定高径/长比试样的边长，mm。回归分析结果如图4-5所示。

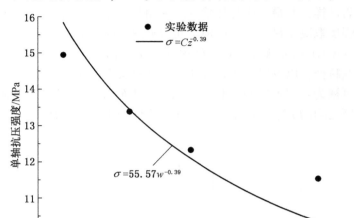

图4-5　根据本试验获得的实验数据利用式（4-19）进行回归分析结果

显然，式（4-19）在煤岩试样直径在 25～50 mm 的适用性较强，而在煤岩试样尺寸大于 50 mm 后，与试验数据相离的趋势越来越大，这表明式（4-19）和式（4-3）在一定尺度区间范围内具有适用性，若将式（4-19）应用到整体煤岩试样强度—尺寸效应分析中，其与实验数据的相符性将降低。因而，式（4-3）在本研究所获得的数据中不具有适用性。

根据本试验所获数据，利用式（4-8）进行相应的回归分析，以验证其适用性，回归分析结果，如图4-6所示。式（4-8）在煤岩试样尺寸大于 38 mm 时试样尺度区间的适用性较强，而在试样直径小于 38 mm 时的理论值要低于试验所获得数据，这或许与较小尺寸煤岩试样单轴抗压强度的变化率与岩石试样不同有关。

2. 广义尺寸效应公式的提出

由以上可知，以往研究所获得的经验公式对煤岩试样强度与尺寸之间关系的描述并不具有完全适用性，因而有必要提出新的具有广泛适用性的公式来描述煤与其强度之间的关系。根据之前总结的煤强度与尺寸之间的关系特征，观察本研究与其他研究中煤单轴抗压强度—试样直径之间关系特征，总结得到具有确定高径比/宽高比煤单轴抗压强度—尺寸经验公式，

$$\sigma_d = M + Nf(d) \tag{4-20}$$

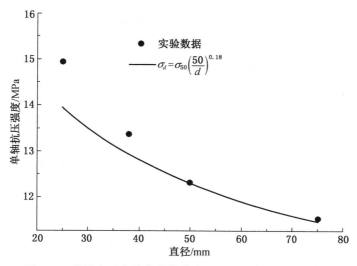

图 4-6　利用本研究数据获得的式（4-8）的回归分析结果

式中，σ_d 是直径/宽度为 d 的煤岩试样的单轴抗压强度；M、N 均为常数，其中 $M=\sigma_M$（煤岩试样趋近于无穷大时煤岩试样单轴抗压强度），$N=(\sigma_0-\sigma_M)$（σ_0 是煤岩试样直径趋近于 0 时煤岩试样的单轴抗压强度）；$f(d)$ 是描述煤岩试样单轴抗压强度在直径/宽度在 $0\sim\infty$ 之间变化特征的函数。

根据本研究煤岩试样单轴抗压强度与直径间的变化特征，经过多次回归分析，确定 $f(d)$ 取 e^{-kd} 时，对煤岩试样尺寸—单轴抗压强度具有广泛适用性，将 $f(d)$ 引入公式（4-20）可得，

$$\sigma_d = \sigma_M + (\sigma_0 - \sigma_M)e^{-kd} \qquad (4-21)$$

式中，k 是与煤岩物理力学性质相关的常数；d、σ_d、σ_M 与 σ_0 的意义与式（4-20）中相同。k、σ_d、σ_M 与 σ_0 是与煤岩内原生结构分布、煤基质物理力学特征（如煤基质强度、黏聚力等）相关的力学参数。为保证式（4-21）广泛的适用性，本研究定义式中参数均通过对相应不同尺寸煤岩强度进行回归分析得到。

根据本研究获取的煤岩试样单轴抗压强度—直径数据，利用式（4-21）对试验结果进行回归分析，获得回归分析结果，并将回归分析结果与式（4-8）、式（4-19）的回归分析结果进行对比，如图 4-7 所示。

式（4-21）中参数 k 的取值为 0.0042，σ_M 和 σ_0 的取值分别为 11.02 MPa 和 22.22 MPa。显然，与式（4-8）、式（4-19）相比，式（4-21）在表述煤岩

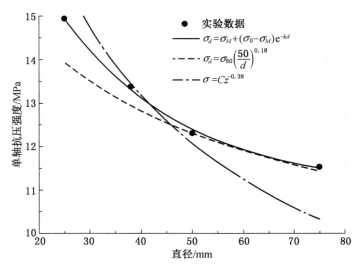

图 4-7　利用式（4-21）对本研究试验数据回归分析结果及其与式（4-19）和
式（4-8）回归分析结果之间的对比

试样单轴抗压强度—直径之间关系方面，具有更好的适用性，其与实验数据之间的相关性为 0.993；在煤岩试样直径为 25～75 mm 的区间内，与试验获得数据具有更好的相关性。

4.3.2　广义尺寸效应公式的验证

为了验证式（4-21）在其他种类及不同形状、尺寸煤岩试样中的适用性，本研究采用 Bieniawski 获得的取自南非立方体煤岩试样和 Gonzatti 等试验获得取自巴西 South-Catarinense 煤田立方体煤岩试样的单轴抗压强度和煤岩试样宽度数据分别进行回归分析，两组试验数据的回归分析结果，如图 4-8 所示。

显然，通过式（4-21）获得的两组回归分析曲线，分别与 Bieniawski 和 Gonzatti 等获得的不同种类煤岩试样单轴抗压强度、试样尺寸数据具有良好的相关性，回归分析曲线与试验数据的相关系数分别为 0.936 和 0.988，均高于 0.93，且对煤岩试样单轴抗压强度和尺寸参数的单位，也具有良好的适应性。

同时，与本实验数据相比，Bieniawski 和 Gonzatti 等获得的煤岩试样强度范围和尺寸范围更大，但式（4-21）仍表现出较好的适用性。这也表明，式（4-21）在表征煤岩抗压强度尺寸效应特征方面的广泛适用性。

4.3.3　广义尺寸效应公式的应用

由前述研究可知，尺寸效应对煤岩试样单轴抗压强度的影响随着各向异性角

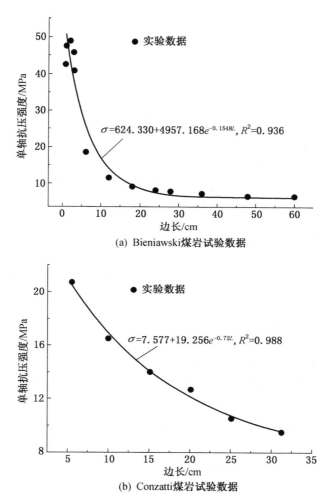

(a) Bieniawski煤岩试验数据

(b) Conzatti煤岩试验数据

图 4-8　基于公式（4-21）的煤岩试样单轴抗压强度—尺寸回归分析曲线

度而变化。为了扩大研究尺度范围，研究尺寸效应对煤岩试样强度的影响，本研究采用式（4-21）预测煤岩试样直径趋于 0 和 +∞ 时的单轴抗压强度。

　　针对具有相同各向异性角度，不同尺寸煤岩试样的单轴抗压强度和直径数据，运用式（4-21）进行回归分析，回归分析结果如图 4-9 所示。所获得的不同各向异性角度试样直径趋于 0 和 +∞ 时的单轴抗压强度、式（4-21）中参数，见表 4-4。

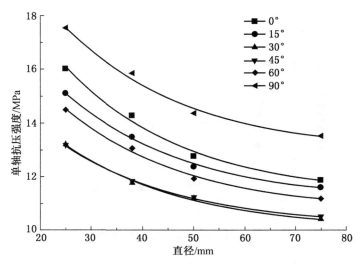

图4-9　尺寸效应对具有不同各向异性角度煤岩试样单轴抗压强度的影响

　　显然，图4-9中的回归分析曲线与试验数据有很好的契合性，且各向异性角度煤岩试样试验数据的回归分析曲线与试验数据的相关系数均大于0.98，回归分析获得的与煤岩物理力学性质相关的常数 k 值为0.042。根据式（4-21）各参数组成，每个加载方向直径接近0和∞煤岩试样的单轴抗压强度也通过计算获得，计算结果，见表4-4。

表4-4　不同各向异性角度煤岩中的式（4-21）参数

Angle/(°)	0	15	30	45	60	90
σ_m/MPa	11.28	11.08	10.02	10.14	10.71	12.81
σ_0/MPa	25.03	22.62	19.08	19.25	21.69	26.49
$\sigma_0-\sigma_m$/MPa	13.75	11.54	9.06	9.11	10.98	13.68
k	0.042					
R^2	0.986	0.997	0.997	0.996	0.995	0.980

　　根据回归分析结果可知，当煤岩试样直径趋于0和∞时，煤岩试样单轴抗压强度—各向异性角度曲线仍为 U 形，如图4-10所示。在六个各向异性角度里（0°、30°、45°、60°和90°），单轴抗压强度的最大值仍在各向异性角度为90°时获得，煤岩体和煤岩试样的单轴抗压强度分别为26.49 MPa和12.81 MPa；第二大值在各向异性角度为0°时获得，煤岩体和煤岩试样的单轴抗压强度分别为

25.03 MPa 和 11.28 MPa；最小值在各向异性角度为 30°时获得，煤岩体和煤岩试样的单轴抗压强度分别为 19.08 MPa 和 10.02 MPa。同时，对比不同尺度煤岩试样单轴抗压强度—各向异性角度曲线可知，当煤岩试样直径趋于 0 和∞时，其单轴抗压强度的最小值仍在 30°~45°之间取得。

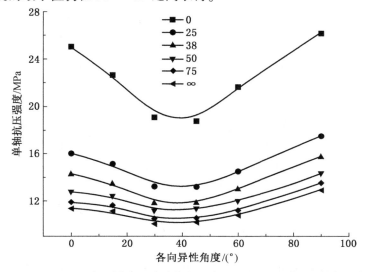

图 4-10 不同尺寸试样的试验数据和公式（4-21）预测理论数据比较

此外，为了定量比较尺寸效应对不同各向异性角度煤岩试样强度的影响，本研究对式（4-21）进行求导：

$$\sigma_d' = -(\sigma_0 - \sigma_M)ke^{-kd} \tag{4-22}$$

式中，σ_d' 是 σ_d 的导数，其他参数意义同式（4-22）。

将表 4-4 中各参数代入式（4-22）可知，各个加载方向导数为负，即表明随着尺寸增加，煤岩试样的单轴抗压强度降低；同时，导数在各向异性角度为 45°时最大，在各向异性角度为 0°及 90°时较小，表明试样单轴抗压强度的减少量在各向异性角度为 45°时最小，在各向异性角度为 0°和 90°时较大，即尺寸效应在煤岩试样单轴抗压强度较高的各向异性角度较为明显，这与前述研究观察到的结果一致，表明预测结果具有可信性。

4.3.4 广义尺寸效应公式的推广

1. 煤岩抗拉强度的尺寸效应特征

巴西劈裂实验是一种间接拉伸强度测试方法，由其获得的拉伸强度一般根据国际岩石力学学会（ISRM）推荐的公式计算：

$$\tau = \frac{2F}{\pi DL}$$ (4-23)

式中，F 为加载过程中监测到的峰值应力；D 和 L 分别表示圆盘试样的直径和厚度。所有测试样品抗拉强度及标准差的平均值见表4-5。

表4-5 不同尺寸煤岩试样的平均抗拉强度和标准偏差

直径/mm	25	38	50	75
平均抗拉强度/MPa	1.28	1.22	1.18	1.14
标准差/MPa	0.338	0.328	0.318	0.307

由图4-11可知，抗拉强度随着试样尺寸的增加而降低。试样直径为25 mm、38 mm、50 mm、75 mm的煤岩试样，其抗拉强度均值分别为1.28 MPa、1.22 MPa、1.18 MPa、1.14 MPa，减少量为0.14 MPa。与单轴抗压强度相比，单轴抗拉强度随试样尺寸增加而减少的量不太明显。

同时，相同尺寸煤岩试样抗拉强度值的标准偏差也随着试样尺寸的增加而减小，试样直径为25 mm、38 mm、50 mm、75 mm的煤岩试样，其抗拉强度均值分别为0.338 MPa、0.328 MPa、0.318 MPa、0.307 MPa，减少量为0.031 MPa。

煤岩抗拉强度和标准差的变化显示出与单轴抗压强度相似的特征。这可能与前述研究得出的结论，较大煤岩试样中原生结构数量的增加（预先存在的不连续性和矿物夹杂）和体积变化减少有关。煤岩内原生结构的存在，降低了煤岩内部的黏聚力，因而，使其测得的抗拉强度降低。

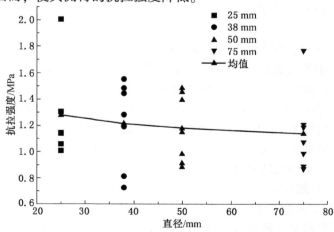

图4-11 拉伸强度随煤岩试样尺寸的变化特征

2. 煤岩抗拉强度的尺寸效应表征

根据实验室获得的煤岩试样抗拉强度和试样直径，发现煤岩拉伸强度同样具备抗拉强度随着试样尺寸的增加而降低的特征。这与广义尺寸效应式（4-21）类似，因而在将式（4-21）扩展到抗拉强度尺寸效应表征上，即

$$\sigma_{dt} = \sigma_c + \Delta\sigma e^{ad} \tag{4-24}$$

式中，σ_{dt} 为直径为 d 煤岩试样的抗拉强度；σ_c 为煤体的抗拉强度，即直径大于一定值的试样强度；$\Delta\sigma$ 为抗拉强度上下限之差；$f(d)$ 为描述强度变化特征随试样尺寸的函数；a 为材料物理力学性质相关参数，可以根据实验数据的回归分析得到。根据实验获得的煤岩抗拉强度均值进行回归分析，如图 4-12 所示。

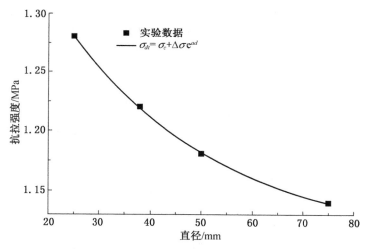

图 4-12 煤岩抗拉强度随试样尺寸的变化和方程的回归分析结果

回归分析获得方程（4-24）中常数 $\Delta\sigma$、σ_c 和 a 分别为 0.405 MPa、1.111 MPa 和 -0.034。由图 4-12 可知，回归分析曲线也与实验数据具有良好的相关性，相关系数为 0.98。因此，抗压强度的尺寸效应也可用指数函数来描述，这与单轴抗压强度一致。

4.4 煤岩强度各向异性的表征

根据煤岩试样强度的各向异性理论分析，式（4-18）能反映单一结构弱面岩石强度随加载方向变化而变化的特征，其对强度—各向异性角度曲线为 U 形的岩石类材料有较为广泛的适用性。

根据本研究获得实验结果，层理对煤岩试样单轴抗压强度影响显著，其单轴

抗压强度—各向异性角度曲线仍为 U 形。因此，可考虑式（4-18）在表征煤岩单轴抗压强度—各向异性角度实验数据方面的可行性。

根据单轴压缩试验结果，本研究取 β_{min} 为 37.5°，式（4-18）中常数 A、B 根据回归分析进行确定。对不同直径煤岩试样单轴抗压强度和各向异性角度试验数据进行回归分析，包含试样直径趋近于 0 和 ∞ 的煤岩单轴抗压强度和各向异性角度数据，所获得回归分析曲线如图 4-11 所示，不同尺寸煤岩试样实验数据获得的式（4-18）中的 A、B 及相关系数值，见表 4-6。

显然，图 4-13 中回归分析曲线与试验数据、理论预测数据有很好的相关性，且其相关系数均大于 0.87。同时，同一尺寸煤岩试样实验数据所获的式（4-18），其中参数 B 与不同各向异性角度煤岩试样单轴抗压强度的变化区间大小呈正相关，B 值越大，煤岩单轴抗压强度波动范围也越大，煤岩各向异性特征越明显。因此，表 4-6 中 B 值随煤岩试样尺寸增加而减少，表明煤岩试样强度的各向异性随着煤岩试样尺寸的增大而减小。

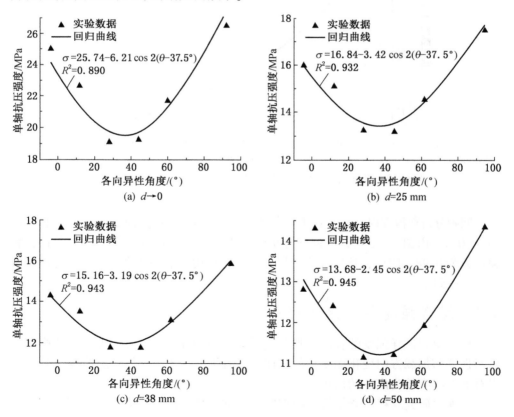

(a) $d \rightarrow 0$

(b) $d=25$ mm

(c) $d=38$ mm

(d) $d=50$ mm

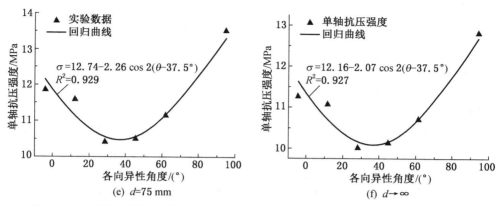

图 4-13 不同直径煤岩试样试验数据与基于式（4-18）的回归分析曲线之间的关系

表 4-6 参数 A、B 和相关系数 R^2 随煤岩试样尺寸变化特征

直径/mm	$d \to 0$	25	38	50	75	$d \to \infty$
A	25.74	16.84	15.16	13.68	12.76	12.16
B	6.21	3.42	3.19	2.45	2.24	2.07
R^2	0.879	0.932	0.943	0.945	0.929	0.927

B 值变化趋势也表明，当试样尺寸大于一定值时，B 趋近于一个常数 2.07，即当煤岩试样大于一定尺寸时，其单轴抗压强度的各向异性特征将保持恒定。这与式（4-21）预期的煤岩试样强度的尺寸效应及其强度各向异性变化趋势一致。因此，式（4-18）适用于描述不同尺寸煤岩试样单轴抗压强度的各向异性特征。

4.5 煤岩试样广义尺寸—各向异性公式

式（4-18）、式（4-21）分别表征了具有不同各向异性角度和尺度的煤岩试样单轴抗压强度随二者的变化特征，却未能用统一公式表征煤岩单轴抗压强度随二者的变化特征，而用统一的强度—尺寸—各向异性公式表征煤岩试样单轴抗压强度随各向异性角度和尺寸变化的规律，对于相关强度、各向异性本构模型的开发和构建具有重要意义。同时，一个广义的尺寸—各向异性公式，即根据试件的尺寸、各向异性角度，获得该试样的单轴抗压强度，也可以提高试样强度估算的便捷性。

根据式（4-21）、式（4-18）特征，式（4-21）中 σ_0 和 σ_M 可以用式（4-

18) 替换表征的 σ_0 和 σ_M 替换掉，即

$$\sigma_{(M,\beta)} = A_M - B_M\cos2(\beta - \beta_{\min}) \qquad (4-25)$$

$$\sigma_{(0,\beta)} = A_0 - B_0\cos2(\beta - \beta_{\min}) \qquad (4-26)$$

式中，$\sigma_{(0,\beta)}$、$\sigma_{(M,\beta)}$ 分别为煤岩试样尺寸趋近于 0 和 ∞ 时，各向异性角度为 β 的煤岩试样的单轴抗压强度。将式（4-25）、式（4-26）代入式（4-21）可得，

$$\sigma(d,\beta) = A_M - B_M\cos2(\beta - \beta_{\min}) + \left[(A_0 - A_M) - (B_0 - B_M)\cos2(\beta - \beta_{\min})\right]e^{-kd}$$
$$(4-27)$$

式中，A_M、B_M、A_0、B_0、β、$\beta_{\min}$、d 的意义同式（4-18）、式（4-21）。由此，对于具有固定形状、不同尺寸、各向异性角度煤岩试样，均可根据煤岩试样的直径/宽度，各向异性角度确定煤岩试样单轴抗压强度。

为了验证式（4-27）的适用性，本研究获得的煤岩试样单轴抗压强度、直径、各向异性角度数据被用作式（4-27）的回归分析。而根据式（4-21）获得的，煤岩试样直径为 0 或 ∞ 时的煤岩试样单轴抗压强度与各向异性角度的对应关系将不做验证，因为这些数据在验证中会与式（4-27）完全重合，不具有参考意义。式（4-27）中 A_M、B_M、A_0、B_0、β、$\beta_{\min}$、d 等参数的取值，根据表 4-4、表 4-6 相关参数进行选取，其与试验数据之间的关系如图 4-14 所示。

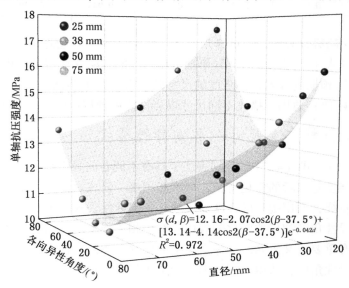

图 4-14 公式（4-12）与试验获得单轴抗压强度、试样直径、各向异性角度之间的关系

显然,式(4-27)所获得的理论曲面与试验数据表现出良好的相关性,且试验数据与式(4-27)的相关系数为 0.972。因此,可认为式(4-27)适用于表征煤岩试样单轴抗压强度与煤岩试样尺寸、各向异性角度之间的关系。

因此,式(4-27)提供了一种基于煤岩试样尺寸和各向异性角度,获得煤岩试样单轴抗压强度的方法,但其不足之处在于需要对不同尺寸和各向异性角度的煤岩试样进行单轴压缩测试,以获得式(4-27)中不同煤岩试样各常数的值。

5 煤岩声发射的各向异性与尺寸演化特征

声发射反映了岩石受载过程中的变形、破坏规律，其在实验室尺度和工程尺度都有广泛的应用。本章结合分形理论、不同尺寸和各向异性角度煤岩试样声发射实验数据，系统地研究了煤岩试样声发射随各向异性角度和试样尺寸演化特征，分析了声发射分形维数、能量之间的关系，探究了声发射能量和分形维数关联的尺寸演化特征。

5.1 煤岩声发射的各向异性与尺寸演化特征

5.1.1 单轴加载中声发射实验监测结果

声发射是材料中局部区域应力集中，快速释放能量并产生瞬态弹性波的现象。在实验室研究中，声发射主要特征参数有声发射计数、声发射绝对能量、频率、振幅和信号持续时间等。在煤炭开采的工程实践中，声发射常作为煤岩动力失稳破坏前兆信息，以微震形式被监测到，并以微震事件总数、能量等参数，对其进行表征。因此，实验室尺度的煤岩声发射现象与工程尺度的煤岩体微震现象具有本质上的关联性。

表 5-1、5-2 总结了样品直径为 25 mm、38 mm、50 mm、75 mm，各向异性角度为 0°、15°、30°、45°、60°、90°一系列试样的累积声发射计数和声发射绝对能量均值及变化系数（标准差和均值的比值）情况。

显然，煤岩声发射特征随试样尺寸和各向异性角度变化而出现明显的不同。累积声发射计数、累积声发射绝对能量及二者的变化系数均随着试样尺寸和各向异性角度而变化，且变化较单轴抗压强度更加复杂。

5.1.2 煤岩声发射特征的尺寸演化特征

1. 煤岩累积声发射计数的尺寸演化特征

图 5-1 为不同尺寸煤岩试样（含不同各向异性角度）累积声发射计数随煤岩试样直径变化特征，由表 5-1 和图 5-1 可知，煤岩累积声发射计数随着试样直径增加而增加，煤岩试样直径为 25 mm、38 mm、50 mm 和 75 mm 时，各尺寸煤

表5-1　不同尺寸和各向异性角度试样累积声发射计数均值及变化率

各向异性角度/(°)	25 mm		38 mm		50 mm		75 mm	
	N_c（×10⁵）	D_s	N_c（×10⁵）	D_s	N_c（×10⁵）	D_s	N_c（×10⁵）	D_s
0	4.73	0.194	5.93	0.593	7.99	0.207	13.69	0.304
15	4.28	0.295	5.65	0.145	7.63	0.225	13.44	0.190
30	3.89	0.535	5.24	0.376	7.24	0.126	13.04	0.250
45	6.07	0.237	7.72	0.248	10.17	0.314	15.50	0.239
60	5.35	0.256	7.01	0.647	9.13	0.356	14.35	0.156
90	4.45	0.512	6.23	0.415	8.43	0.025	13.70	0.338
均值	4.80	0.151	6.30	0.133	8.43	0.116	13.95	0.057

注：N_c 为累积声发射计数，D_s 为累积声发射计数变化率。

表5-2　不同尺寸和各向异性角度试样累积声发射计数绝对能量均值及变化率

各向异性角度/(°)	25 mm		38 mm		50 mm		75 mm	
	E_c（×10⁹ aJ)	C_s	E_c（×10⁹ aJ)	C_s	E_c（×10⁹ aJ)	C_s	E_c（×10⁹ aJ)	C_s
0	1.47	0.662	1.66	0.475	1.94	0.107	2.86	0.324
15	1.44	0.562	1.64	0.305	1.93	0.551	2.81	0.351
30	1.31	1.346	1.51	0.175	1.82	0.683	2.72	0.207
45	0.89	0.867	1.09	0.956	1.43	0.479	2.24	0.521
60	1.04	0.265	1.29	1.608	1.63	0.677	2.49	0.741
90	1.93	0.706	2.09	0.253	2.42	0.573	3.31	0.516
均值	1.35	0.248	1.55	0.203	1.86	0.165	2.74	0.112

注：E_c 为累积声发射绝对能量，C_s 为其变化率。

岩试样累积声发射计数均值分别为 $4.80×10^5$、$6.30×10^5$、$8.43×10^5$、$13.95×10^5$，增量为 $9.15×10^5$。

同时，不同各向异性角度煤岩试样累积声发计数也随着试样尺寸增加而增加，试样直径由 25 mm 增加到 75 mm 过程中，各向异性角度为 0° 时，煤岩试样累积声发射计数由 $4.73×10^5$ 增加到 $13.69×10^5$，增量为 $8.96×10^5$；各向异性角度为 15° 时，煤岩试样累积声发射计数由 $4.25×10^5$ 增加到 $13.44×10^5$，增量为

9.19×10^5；各向异性角度为 $30°$ 时，煤岩试样累积声发射计数由 3.89×10^5 增加到 13.04×10^5，增量为 9.15×10^5；各向异性角度为 $45°$ 时，煤岩试样累积声发射计数由 6.07×10^5 增加到 15.50×10^5，增量为 9.43×10^5；各向异性角度为 $60°$ 时，煤岩试样累积声发射计数由 5.35×10^5 增加到 14.35×10^5，增量为 9.00×10^5；各向异性角度为 $90°$ 时，煤岩试样累积声发射计数由 4.45×10^5 增加到 13.70×10^5，增量为 9.25×10^5。其中当各向异性角度为 $45°$ 煤岩试样累积声发射计数增量最为明显。

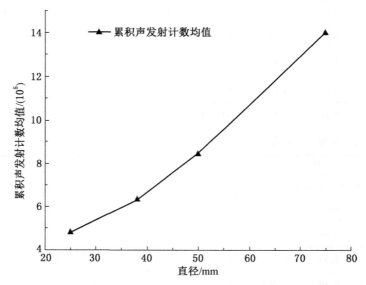

图 5-1　煤岩累积声发射计数均值随试样直径变化规律

2. 煤岩累积声发射绝对能量的尺寸演化特征

与累积声发射计数类似，煤岩累积声发射绝对能量随着试样尺寸增加而增加，当样品直径为 25 mm、38 mm、50 mm、75 mm 时，其累积声发射绝对能量均值分别为 1.35×10^9 aJ、1.55×10^9 aJ、1.86×10^9 aJ、2.75×10^9 aJ，累积声发射绝对能量增量为 1.40×10^9 aJ，如图 5-2 所示。

同时，不同各向异性角度煤岩试样的累积声发射绝对能量也随试样尺寸的增加而增加。在煤岩试样直径由 25 mm 增加到 75 mm 过程中，各向异性角度为 $0°$ 时，煤岩试样累积声发射绝对能量由 1.47×10^9 aJ 增加到 2.86×10^9 aJ，增量为 1.39×10^9 aJ；各向异性角度为 $15°$ 时，煤岩试样累积声发射绝对能量由 1.44×10^9 aJ 增加到 2.81×10^9 aJ，增量为 1.37×10^9 aJ；各向异性角度为 $30°$ 时，煤岩试样累

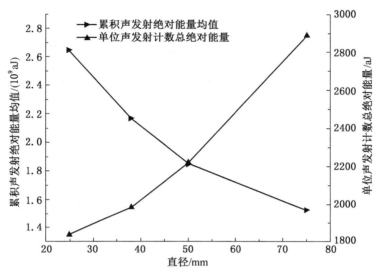

图 5-2　累积声发射绝对能量和单位声发射计数绝对能量的尺寸演化规律

积声发射绝对能量由 1.31×10⁹ aJ 增加到 2.72×10⁹ aJ，增量为 1.41×10⁹ aJ；各向异性角度为 45°时，煤岩试样累积声发射绝对能量由 0.89×10⁹ aJ 增加到 2.24×10⁹ aJ，增量为 1.35×10⁹ aJ；各向异性角度为 60°时，煤岩试样累积声发射绝对能量由 1.04×10⁹ aJ 增加到 2.49×10⁹ aJ，增量为 1.45×10⁹ aJ；各向异性角度为 90°时，煤岩试样累积声发射绝对能量由 1.93×10⁹ aJ 增加到 3.31×10⁹ aJ，增量为 1.38×10⁹ aJ。显然，当各向异性角度为 60°时，煤岩累积声发射绝对能量增量最大。

相比于累积声发射绝对能量的增加，单位声发射计数释放绝对能量均值随着煤岩试样尺寸增加而减少，煤岩试样直径由 25 mm 增加到 75 mm 时，其数值由 2808.38 aJ 减少到 1970.28 aJ，减少量为 838.10 aJ。图 5-3 为各向异性角度为 90°直径分别为 25 mm、38 mm、50 mm 和 75 mm 的试样应力、声发射计数、绝对能量随着加载时间的变化。累积绝对声发射能量随尺寸增加而增加，可能与较大尺寸煤岩在加载过程中累积了较大的变形能，较大试样尺寸、较长的加载时间，如图 5-3 所示，使大尺寸煤岩试样破坏前出现更多的声发射计数、释放更多的能量。

随煤岩试样尺寸增加，单位声发射计数绝对能量的递减可能与低绝对能量声发射计数总数增加有关。因为大尺寸试样原生裂隙较多，压密阶段及破坏过程中裂隙面的滑移、错动等容易产生较多的低能量声发射事件，低能量声发射事件的增多，使大尺寸煤岩试样单位声发射计数释放能量降低。

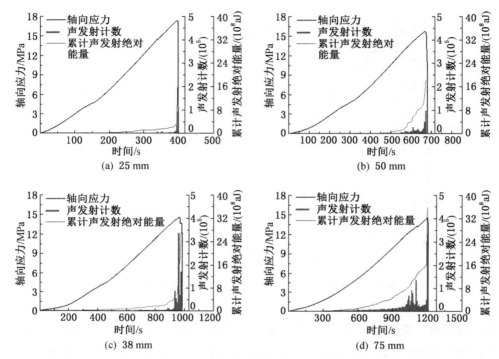

图 5-3　加载过程中应力、声发射计数和累积绝对能量随加载时间的变化

5.1.3　煤岩累计声发射的各向异性特征

1. 煤岩累积声发射计数的各向异性特征

加载方向对煤岩声发射特征具有显著影响，不同尺寸煤岩试样累积声发射计数随各向异性角度变化特征如图 5-4 所示，具体数值见表 5-1。不同尺寸煤岩试样累积声发射计数随各向异性角度增加的趋势具有相似性，各向异性角度为 0°～30°时，煤岩累积声发射计数随着各向异性角度增加而减少，并在各向异性角度为 30°时达到最小值；其在各向异性角度为 30°～45°时，随着试样尺寸增加而迅速增加，并在各向异性角度为 45°时达到最大值；之后，累积声发射计数随着各向异性角度增加而减少，直到各向异性角度为 90°。

试样直径从 25 mm 增加到 75 mm 时，不同各向异性角度试样中的累积声发射计数均随着试样尺寸增加而增加，其增量在各向异性角度为 45°时最为显著，累积声发射计数增量为 $9.44×10^5$；各向异性角度为 0°时，累积声发射计数增加量最小，累积声发射计数增量为 $8.97×10^5$。

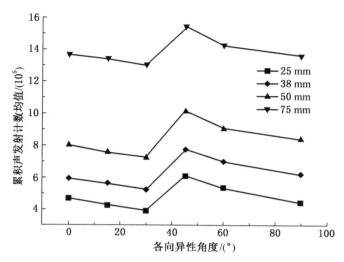

图5-4 不同尺寸煤岩试样累积声发射计数随各向异性角度变化特征

图 5-4 中不同尺寸煤岩试样累积声发射计数的各向异性特征变化不显著，考虑到不同尺寸煤岩试样累积声发射计数差值较大，本研究用累积声发射计数变化系数，即各组试样累积声发射标准偏差与平均值的比值，来表征累积声发射计数各向异性特征随煤岩试样尺寸的变化规律，见表 5-1。煤岩试样直径从 25 mm 增加到 75 mm 过程中，不同各向异性角度煤岩试样均值的累积声发射计数变化系数从 0.151 减小到 0.057，减少量为 0.094，由于该系数表明了不同各向异性角度煤岩试样累积声发射计数偏离均值的程度，所以该系数越大，表明各数值偏离均值越远，各向异性特征越明显。因此，累积声发射计数变化系数随试样增加而减少，累积声发射计数随各向异性试样尺寸增加而减少，这与单轴抗压强度、峰值应变、泊松比等受煤岩试样尺寸影响类似。

2. 累积声发射绝对能量的各向异性特征

与单轴抗压强度—各向异性角度曲线类似，累积声发射绝对能量—各向异性角度曲线呈 U 形，且大致与单轴抗压强度呈正相关（图 5-5）。各向异性角度在 0°～45° 之间时，累积声发射绝对能量随各向异性角度增加而减少，且其在各向异性角度为 45° 时最小，各向异性角度在 0°～30° 之间的减少量不明显；各向异性角度在 45°～90° 之间时，累积声发射绝对能量随着各向异性角度增加而增加，且在各向异性角度为 90° 处取得最大值；总体看来，各向异性角度为 45° 时取得最小值，90° 时取得最大值，0° 时取得次最大值。

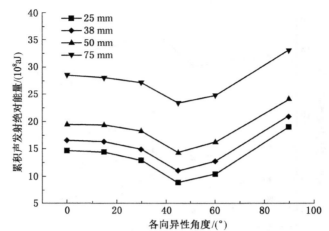

图 5-5　不同尺寸煤岩累积声发射绝对能量随各向异性角度变化特征

累积声发射绝对能量的增量也具有各向异性特征。累积声发射绝对能量增加量在各向异性角度为 30°～ 60° 内较为明显，在各向异性角度为 60° 时最大，增加量为 1.45×10^9 aJ，见表 5-2。同时，累积声发射绝对能量的各向异性也随着试样尺寸的增加而减小，总体上不同各向异性角度煤岩试样内声发射绝对能量变化率也随着煤岩试样尺寸增加而减少，当试样直径从 25 mm 增加到 75 mm 时，变异系数从 0.248 减小到 0.112，见表 5-2。

5.1.4　煤岩试样内部结构和声发射特征各向异性的相关性

理论上，同一加载条件下，相同尺寸、各向同性材料的声发射特征应具有相似性。而煤岩试样声发射的各向异性特征，可能与其内部结构的非均质性有关，即与层理、原生裂隙等原生结构的展布有关，由前述研究可知，除层理外、煤岩试样内部天然发育有两组相互垂直的割理，其均与层理延伸方向近似垂直，即与加载方向平行或呈（90°-β）的夹角（β 为各向异性角度），层理间常散布矿物夹杂，使层理对煤岩内部结构完整性的减弱作用更为显著，这些原生结构导致了煤岩力学特性的各向异性。

根据已有研究，裂隙扩展时极限应力、释放能量与声发射释放能量具有正相关性，煤岩内声发射事件主要受其失稳破坏中的裂纹活动的影响，考虑到煤岩试样内部原生结构的分布与声发射各向异性特征，可将煤岩试样累积声发射计数受层理、割理与加载方向夹角的影响归纳如下。

当煤岩试样各向异性角度在 0°～30° 之间时，累积声发射计数的各向异性特征受层理与加载方向夹角影响较大。各向异性角度由 0° 增加到 30° 时，层理与加载方向夹角向（45°-φ/2）靠近，煤岩单轴抗压强度减少，裂纹扩展阻力随各向异性角度降低，裂纹扩展较容易、宏观裂隙形成迅速，煤岩试样加载到破坏时间长度减少，在该各向异性角度范围内监测到的声发射数逐渐减少，煤岩声发射特征变化如图5-6a、图5-6b所示。

当煤岩试样各向异性角度在30°~45°之间，累积声发射计数受层理和原生裂隙的共同影响。层理及对煤岩试样破坏影响较大的一组节理与加载方向之间的夹角分别为β和（90°-β），其均接近于（45°-φ/2）。这种条件下，煤岩试样内平行、垂直于层理裂隙扩展阻力均随各向异性角度增加而减弱，试样破坏时裂隙增多，在加载过程中产生较多的声发射事件，累积声发射事件在该各向异性角度区间内迅速上升，煤岩声发射特征如图5-6c所示。

各向异性角度为45°~90°时，层理及与加载方向之间的夹角逐渐远离（45°-φ/2），裂隙扩展阻力增加，各阶段加载过程中裂隙扩展减少，多数裂隙产生和扩展在应力峰值前出现，因而，其他各阶段声发射计数较少，试样累积声发射计数也逐渐降低，煤岩声发射特征如图5-6d所示。因此，在层理和割理的共同影响下，煤岩试样累积声发射计数规律随各向异性角度增加呈先增加后减少的趋势。

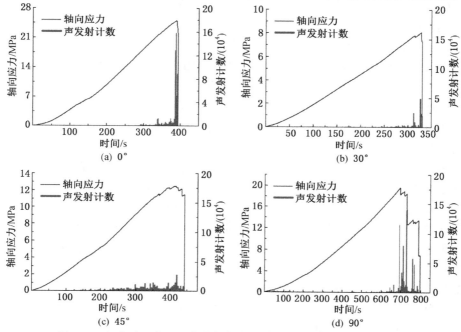

图5-6 加载过程中不同各向异性角度的样品声发射计数分布特征

5.2 分形理论

分形（Fractal，源自拉丁语：frāctus，有破裂、零碎之意），又称碎形、残形，其最早由 B. B. Mandelbort 提出，数学意义上分形的计算是不断迭代的一个方程，也称为递归计算的反馈系统。通常定义是一个图形，可以分为每一部分（至少近似地）是整体缩小后形状的数个部分，即几何图形具有自相似性。目前，权威学者对分形的定义仍有争论。

分形几何是在 Hausdorff（1919 年）提出分形维数（Fractional Dimension）的基础上，由 B. B. Mandelbrot 推广而形成。作为数学学科的一门新分支，其主要用于描述自然界中杂乱无章、不规则的现象和行为。分形维数的出现为许多物理现象的描述提供了一种有效的手段，为定量描述一些之前不能或难以定量描述的复杂对象提供了可能，如孔隙裂隙、破碎形状等。

目前，分形维数广泛用于描述脆性材料中的声发射特征，按分形维数的计算依据，其可分为空间分布和时间顺序相关的两种分形维数。

5.2.1 声发射分形理论

Coughlin 和 Kranz 利用关联维数计算方法，发现微震分布具有分形特征，谢和平等根据微震事件的数量—半径关系和关联维数方法，证实了煤矿微震分布的分形特征，矿震分形维数计算的基本原理如下。

假设中心点处有半径为 r 的球体（r 任意取值，如图 5-7 所示），可以计算球体内部微震事件并表示为 $M(r)$。因此，通过选择不同的 r_i（$i = 1$，2，3，$\cdots$），可以获得一系列 $M(r_i)$。根据分形几何的定义，$M(r)$ 与 r 有如下关系，$M(r) \propto r^D$，其中 D 为分形维数，对于点型几何图形而言，$M(r) \propto r^1$；对于面型几何图形而言，$M(r) \propto r^2$；对于体型几何图形而言，$M(r) \propto r^3$。

该计算方法将分形理论应用于动力灾害（岩爆、冲击地压等）研究。之后，许多学者对以声发射空间分布为基础的分形维数进行了大量研究，比如种柱覆盖方法、盒式分形维数、时间序列分形维数等，用于分析岩石声发射空间分布、时间分布的分形特征。相比于声发射特征的空间分形维数，时间序列分形维数，与声发射出现的时间特征有关，更容易与煤岩试样的力学状态变化相关联，且对声发射定位精度无要求，在实际研究中应用较为广泛。

5.2.2 时间序列分形理论

时间序列声发射分形维数计算一般根据 G-P 算法，在该算法中，相位空间的构建是根据时间序列上的声发射计数特征，其主要步骤如下，对于特定时间序列的声发射计数 $P_n = \{p_1, p_2, \cdots, p_n\}$，其中 n 是时间序列 P_n 中的点数，选择适

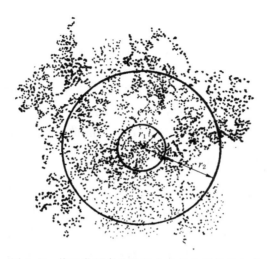

图 5-7　基于微震事件位置分布的分形计算方法

当的嵌入维数 m（$m < n$）和时间间隔 t，则重构后的相空间可由一系列长度为 m、从 P_n 中顺序取得的向量表示，即

$$q_i = \{q_i,\ q_{(i+t)},\ \cdots,\ q_{(i+(m-1)t)}\}\ (i = 1,\ 2,\ 3,\ \cdots,\ n - m + 1) \qquad (5-1)$$

式中，q_i 为该系列向量中任一向量。

相位维数构造之后，m 维相空间中任意两个向量之间距离小于 r 的概率，其可以通过关联积分函数，即式（5-2）计算，

$$C(r) = \frac{1}{N(N-1)} \times \{\text{No. of pairs}(q_i - q_j)\,\text{with}\,|\,q_i - q_j\,| < r\},\ (i \neq j)$$

$$(5-2)$$

通常，标准相关函数表示为

$$C(r) = \frac{1}{N(N-1)} \sum_{i=1}^{N} \sum_{j=1}^{N} H(r(k) - |\,q_i - q_j\,|),\ (i \neq j) \qquad (5-3)$$

式中，$C(r)$ 为关联积分；N 为 m 维相空间中的向量数；$r(k)$ 是给定的尺度函数，可以通过式（5-4）获得，

$$r(k) = kr,\ r = \frac{1}{n(n-1)} \sum_{i=1}^{n} \sum_{j=1}^{n} |\,q_i - q_j\,|,\ (i \neq j) \qquad (5-4)$$

式中，r 为 m 维相空间中任意两个向量间的平均距离，每个 $r(k)$ 具有对应于它的 $C(r)$，其中 k 为比例因子，H 为 Heaviside 函数，即

$$H(x) = \begin{cases} 1, & x \geqslant 0 \\ 0, & x < 0 \end{cases} \tag{5-5}$$

由于声发射具有分形特征，$C(r)$ 和 r 之间的关系可以描述为

$$C(r) \propto r^D \tag{5-6}$$

如果选择合适的 r 值，式（5-6）中 $C(r)$ 和 r 之间的关系可以转换为

$$\ln C(r) = C + D \ln r \tag{5-7}$$

式中，D 为相关维数，即函数 $\ln C(r) - \ln r$ 曲线的斜率；C 为常数。

5.3 分形维数随各向异性和尺寸演化特征

在关联分形维数的计算中，相空间参数 m 和表征两向量间距参照参数 k 的选取十分重要。一般而言，关联维数 D 随 m 增加而变化，并且当 m 大于临界值后，其关联维数 D 会渐近为一个常数，此时的 m 值即为合理的相空间范围。同时，k 是确定其间隔距离大于 $r(k)$ 的向量对数的重要参数，因而 k 值的选取直接影响 $C(r)$ 的变化和分形维数 D 值的结果。因此，合理地选择 m 和 k 值，是利用分形维数综合反映了声发射各向异性特征的关键。

本研究经多次尝试，发现当 m 值大于 4 时，分形维数 D 值趋于稳定，而 k 值范围为 0.1，0.2，…，1.2 时回归分析数据相对较为合理。在声发射时间间隔设定为 1s 的条件下，根据式（5-1）~式（5-7）对不同各向异性角度和尺寸煤岩试样的声发射分形维数进行计算，所获得不同各向异性角度和尺寸煤岩试样分形维数均值和标准差，见表5-3。显然，煤岩声发射分形维数也具有各向异性和尺寸演化特征。

表5-3 不同尺寸、各向异性角度试样时间序列分形维数均值及标准差

各向异性角度/(°)	25 mm		38 mm		50 mm		75 mm	
	分形维数	标准差	分形维数	标准差	分形维数	标准差	分形维数	标准差
0	1.50	0.421	1.45	0.026	1.43	0.394	1.40	0.476
15	1.37	0.073	1.35	0.153	1.33	0.357	1.31	0.234
30	1.60	0.179	1.52	0.212	1.45	0.392	1.40	0.127
45	1.97	0.194	1.78	0.25	1.62	0.375	1.53	0.225
60	1.92	0.309	1.69	0.411	1.56	0.424	1.50	0.115
90	1.40	0.152	1.36	0.075	1.34	0.133	1.32	0.096
均值	1.63	0.237	1.53	0.161	1.46	0.106	1.41	0.082

5.3.1 分形维数的尺寸演化特征

时间序列声发射分形维数的尺寸演化特征（图5-8）。整体上，时间序列声发射分形维数随着尺寸增加而减少，试样直径为25 mm、38 mm、50 mm、75 mm时，不同尺寸煤岩试样平均声发射分形维数分别为1.63、1.53、1.46、1.41，减少量为0.21。

就不同各向异性角度煤岩试样而言，声发射分形维数的尺寸演化特征也较为显著，当煤岩试样直径由25 mm增加到75 mm时，在各向异性角度为0°煤岩试样中，其声发射分形维数由1.50降低至1.40，减少量为0.10；在各向异性角度为15°煤岩试样中，其声发射分形维数由1.37降低至1.31，减少量为0.06；在各向异性角度为30°煤岩试样中，其声发射分形维数由1.60降低至1.40，减少量为0.20；在各向异性角度为45°煤岩试样中，其声发射分形维数由1.97降低至1.53，减少量为0.44；在各向异性角度为60°煤岩试样中，其声发射分形维数由1.92降低至1.50，减少量为0.42；在各向异性角度为90°煤岩试样中，其声发射分形维数由1.40降低至1.32，减少量为0.08。显然，声发射身形维数的尺寸效应特征在各向异性角度为45°时最为明显，其分形维数降低最大。

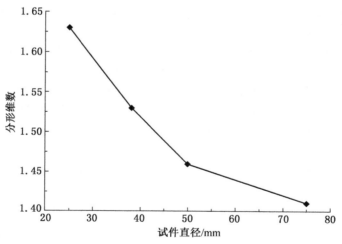

图5-8 分形维数随煤岩试样直径变化特征

根据以往研究，分形维数表征了时间序列上声发射的集中程度，降低的分形维数表明了声发射事件较高的集中程度，由于煤岩试样失稳破坏过程中声发射主要集中在试样峰值强度前，即煤岩试样失稳破坏前。因而，以上现象表明，较大尺寸煤岩试样峰值强度前声发射集中程度高于较小尺寸煤岩试样，这可能与较大煤岩试样失稳破坏前产生较多的裂隙，进而产生较多的超过监测阈值的声发射事件有关。

5.3.2　分形维数的各向异性特征

煤岩试样时间序列声发射分形维数（以下简称声发射分形维数）的各向异性特征，如图 5-9 所示。随着各向异性角度的增加，声发射分形维数呈先减少后增加的趋势。各向异性角度范围 0°~15° 内，声发射分形维数随各向异性角度增加而减小，并在各向异性角度为 15° 时降至最小；各向异性角度 15°~45° 间，其值急剧增加，并在各向异性角度为 45° 时达到峰值；在各向异性角度为 45°~90° 之间，声发射分形维数随着各向异性角度的增加而减少，直到各向异性角度为 90°。这与累积声发射计数随各向异性角度变化趋势，呈近似正相关特征。

由表 5-3 可知，不同尺寸煤岩试样声发射分形维数在各向异性角度为 15° 和 90° 时均较小，且二者相差不大。这表明，加载过程中，峰值前声发射集中程度在各向异性角度为 45° 时最小，而在各向异性角度为 15° 和 90° 时较大。

声发射分形维数随煤岩尺寸变化特征表明，声发射分形维数的各向异性特征也受试样尺寸影响，且其各向异性特征随着尺寸增加而减弱，试样直径从 25 mm 增加到 75 mm 时，不同尺寸、各向异性角度煤岩试样声发射分形维数均值标准差由 0.237 减少到 0.082，减少量为 0.155（表 5-3）。相同各向异性角度、不同尺寸煤岩试样声发射分形维数的离散性总体上受尺寸增加的影响，部分各向异性角度煤岩试样声发射分形维数离散型随尺寸增加而增大，如 0°、15° 和 45°，而其他各向异性角度煤岩试样则随尺寸增加而减少，如 30°、60° 和 90°。

试样尺寸对不同各向异性角度试样的声发射分形维数的变化影响也有所不同。试样直径从 25 mm 增加到 75 mm 时，试样尺寸对各向异性角度为 30°~60° 范围内煤岩试样声发射分形维数影响较为明显，并且在各向异性角度为 45° 最大，远离 45° 的方向较低（图 5-9）；而在煤岩试样各向异性角度为 0°、15° 和 90° 时，声发射分形维数随试样尺寸增加而减少，但减少量不太明显。

以上研究表明，各向异性角度为 30°~60° 内试样尺寸对时间序列声发射计数的影响较大，而在各向异性角度为 0°，15° 和 90° 时，煤岩试样时间序列上的声发射分形维数较低，即声发射较为集中在煤岩破坏的应力峰值附近。

5.4　声发射分形维数和其释放能量之间的相关性

5.4.1　理论研究

研究不同尺寸煤岩试样声发射分形维数和其释放能量之间的关系，对煤矿矿震、冲击地压等动力灾害预警具有重要意义。时间序列声发射分形维数表征了声

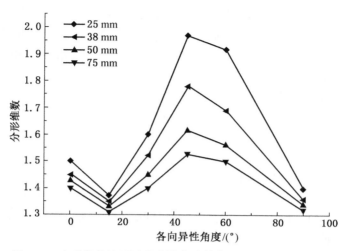

图 5-9 分形维数随不同尺寸煤岩试样各向异性角度变化特征

发射在时间序列上的集中程度，根据声发射计数及能量特征，声发射能量与声发射计数的集中程度具有一定的相关性，因此声发射分形维数与其释放能量之间具有一定的相关性。这里进行相应的理论推导，根据前述关联维数计算方法，在 m 维相空间中，任一向量释放的声发射能量可以表述为：

$$E_i = \alpha_i \parallel q_i \parallel \tag{5-8}$$

式中，$\parallel q_i \parallel$ 为向量 q_i 中声发射事件总数；α_i 为 q_i 中单位声发射事件释放的声发射能量；E_i 为 Y_i 中声发射事件累积声发射能量。

由于煤岩破坏过程中时间序列声发射具有分形特征，根据分形几何的定义，m 维相空间中，声发射计数大于 q_i 的向量总数与分形维数应有如下关系：

$$\phi(q_i) \sim \parallel q_i \parallel^{-\frac{D}{2}} \tag{5-9}$$

式中，D 为分形维数；$\phi(q_i)$ 为声发射计数大于 q_i 的向量总数。因此，如果选择合适的向量 q_i 和相应的 α_i，结合式（5-8）、式（5-9），加载过程中声发射释放能量可以近似表示为：

$$E \sim \frac{1}{m}\phi(q_i)\alpha_i \parallel q_i \parallel \tag{5-10}$$

将式（5-8）中 $\phi(q_i)$ 代入到式（5-10）可得：

$$E \sim \frac{1}{m}\phi(q_i)\alpha_i \parallel q_i \parallel = \frac{1}{m}\alpha_i \parallel q_i \parallel^{1-\frac{D}{2}} \tag{5-11}$$

式中，m 为关联维数计算过程中构建的相空间维数。可见，任一试件加载过程中声发射过程中的累积声发射能量和声发射分形维数呈负指数相关。这一关系也与自然地震中 Gutenberg-Richter 准则（也称震级—频率准则）相一致性。

根据以往研究，煤矿开采工程实践中微震事件空间分布的分形维数与微震过程中释放能量也具有类似的特征，即

$$E_t = \gamma_s S_i^{1-D/2} \tag{5-12}$$

式中，E_t 为冲击地压（岩爆、矿震）过程中声发射释放的总能量；二维情况下，S_i 为每个微震事件对应裂缝表面区域面积（三维情况下，要考虑裂缝体积）；D 为分形维数，取值范围为 0~3。

由于式（5-11）、式（5-12）揭示的声发射和微震与分形维数关系的相近性，可利用声发射分形维数与其释放能量之间关系，揭示煤矿开采中微震特征，探究煤岩声发射跨尺度演化的表征方法。

5.4.2 尺寸对声发射分形维数和其释放能量关系的影响

由于不同煤岩试样中 α_i 和 q_i 的差异性，在实际操作中，较难获得各声发射分形维数计算过程中的 α_i 和 q_i 值，这给利用分形维数表征煤岩声发射能量的计算和研究，带来一定困难，所以需要更广义的表达式来表述时间序列声发射分形维数和累积声发射能量的相关性。

考虑到煤岩加载过程中时间序列声发射分形维数—释放能量特征与工程尺度微震事件空间分布的分形维数—释放能量之间的相似性，以及将实验室尺度煤岩试样的声发射特征和现场微震事件之间关联研究的必要性，本研究采用由谢和平等基于煤矿矿震分布分形维数和矿震释放能量的经验公式，对本文获得数据和计算得到的分形维数进行研究，探索煤岩时间序列声发射分形维数与其释放能量的关联，即

$$D = C_1 \times \exp[-C_2 E] \tag{5-13}$$

式中，C_1、C_1 为随区域和测量尺度而变化常数；D 为分形维数（取值范围为 0.0~3.0）；E 为单位面积释放的平均声发射能量。

由于单位面积平均声发射能量和累积声发射能量之间的线性相关性，这里 E 用实验室实验获得的煤岩累积声发射绝对能量代替，D 用时间序列声发射分形维数代替。根据表 5-2、表 5-3 数据，得到不同尺寸煤岩试样回归分析结果，如图 5-10 所示，式（5-13）中各参数和相关系数见表 5-4。

显然，不同尺寸煤岩试样分形维数、声发射释放绝对能量回归结果表明，式（5-13）对本研究数据具有较好的适用性，其与不同尺寸煤岩试样（直径 25 mm、38 mm、50 mm、75 mm）拟合曲线与试验数据相关系数也均大于 0.68。

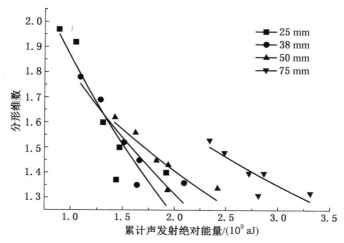

图 5-10 不同直径煤岩试样分形维数与累积绝对声发射能量的关系

图 5-10 表明，随着煤岩试样尺寸增加，声发射累积释放的能量随分形维数增加而增大，即较大煤岩试样累积声发射释放能量对声发射分形维数变化更敏感。

表 5-4 不同尺寸试样中式（5-13）中常数和相关系数

	25 mm	38 mm	50 mm	75 mm
C_1	2.82	2.48	2.17	2.19
$C_2/(\times 10^{-10})$	4.15	3.18	2.16	1.61
R^2	0.78	0.80	0.73	0.68

据此，可得煤岩时间序列声发射分形维数与其绝对能量的关系符合参量替换后的式（5-13），且随煤岩试样尺寸增加，该公式中常数随试样尺寸增加而变化，且有减少趋势。

6 煤岩强度估测的各向异性和尺寸演化特征

本章研究了基于 P 波波速的煤岩强度估测的各向异性和尺寸演化特征。应用 X-ray CT 和三维重构技术，分析了 P 波波速在煤岩传播的各向异性和尺寸演化特征。总结了基于 P 波波速估测煤岩单轴抗压强度的经验公式，分析了 P 波波速和单轴抗压强度关系随煤岩各向异性的尺寸演化特征，确定了适合煤岩强度与 P 波波速关系经验公式、煤岩强度估测尺寸。

6.1 P 波波速的各向异性和尺寸演化特征

6.1.1 P 波波速

P 波（P-wave 或 Primary wave）属纵波，传播过程中其质点的振动方向与传导方向一致，P 波波速能反映介质内部的振动特性，其大小与介质的物理力学性能密切相关，对于均质、各向同性介质，P 波波速与其弹性模量、剪切模量，以及密度有以下关系：

$$V_p = \sqrt{\frac{K + \frac{4}{3}G}{\rho}} = \sqrt{\frac{\lambda + 2G}{\rho}} \qquad (6-1)$$

式中，K 为体积模量；G 为剪切模量（刚性度的模量，又称第二拉梅参数）；ρ 为波传播介质材料的密度；λ 为第一拉梅常数。

由于 P 波波速与煤及岩石材料内部结构的密切相关性，其也被用来探讨煤及岩石材料内部结构和力学特性的非均质性和尺寸效应，已有研究表明，P 波波速与岩石的单轴抗压强度、点荷载强度、冲击强度指数等力学参数存在确定关系。因此，P 波波速也常用来估测煤及岩石的强度。

6.1.2 P 波波速的尺寸演化规律

研究表明，非均质煤岩材料的 P 波波速除与试样的弹性模量、剪切模量、密度等有关外，也与试样内的裂隙发育、层理等原生结构组成及展布有关。因此，P 波在试样中的传播速度在试样内传播也存在尺寸效应和各向异性特征。本研究测得的不同各向异性角度和尺寸煤岩轴向 P 波波速及均值见表 6-1，P 波波速随试样尺寸演化特征如图 6-1 所示。由图表可知，煤岩内 P 波波速随着尺寸增加而减少，具体表现为：当煤岩试样直径为 25 mm 时，不同各向异性角度煤岩试样轴向 P 波波速均值为 1.42 km/s；当煤岩试样直径为 38 mm 和 50 mm 时，其 P 波波速均值分别为 1.34 km/s 和 1.28 km/s；当煤岩试样直径为 75 mm 时，其 P 波波速均值下降到 1.24 km/s。

表 6-1　不同尺寸、各向异性角度试样轴向 P 波波速均值和标准差

各向异性角度/(°)	0	15	30	45	60	90	均值/(km·s⁻¹)	标准差/(km·s⁻¹)
25 mm	1.55	1.51	1.35	1.22	1.38	1.53	1.42	0.118
38 mm	1.47	1.42	1.25	1.12	1.31	1.45	1.34	0.124
50 mm	1.42	1.36	1.2	1.06	1.24	1.39	1.28	0.125
75 mm	1.38	1.31	1.16	1.02	1.21	1.37	1.24	0.127

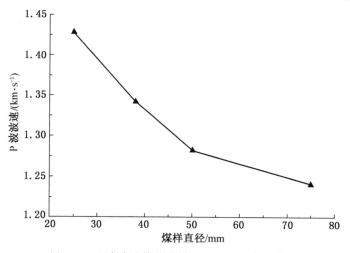

图 6-1　P 波波速均值随煤岩试样直径变化特征

同时，不同各向异性角度（0°、15°、30°、45°、60° 和 90°）煤岩试样内 P 波波速的均随试样直径的增加而降低，其降低量分别为：0.17 km/s、0.20 km/s、0.19 km/s、0.20 km/s、0.17 km/s 和 0.16 km/s，且在各向异性角度 15° 和 45° 时，煤岩试样的 P 波波速降低量最大。这也表明，煤岩试样 P 波波速的尺寸效应特征也随煤岩试样各向异性角度（即测量方向）变化而变化，即煤岩 P 波波速

的尺寸效应特征也存在各向异性，且该尺寸效应特征在各向异性角度 45°时最为显著，其波速减少量为 16.39%。

由以往研究可知，P 波在煤岩内部不同组分（矿物夹杂、煤基质）间传播速度存在显著差异，且 P 波在穿越材料界面（层理间分界面、裂隙界面等）会有折射、反射等作用，使测得煤岩试样中 P 波在传播波速发生变化。因此，P 波波速在煤岩材料中的各向异性和尺寸效应特征，应与煤岩内部的非均质性有关，即与原生结构数量、展布、测量方向有关。而煤岩试样 P 波波速的尺寸效应特征，可归纳为以下原因。

（1）随着煤岩试样的尺寸、层理层数的增加，层理夹层、层理矿物夹层等增多，P 波穿过节理、割理、矿物夹杂面时会发生折射现象，从而使测得的 P 波波速降低。

（2）较大尺寸煤岩试样内原生裂隙的数量、尺寸均较大。由于试样加工的选择作用（套筒与煤岩钻芯之间的摩擦作用），含较大尺寸原生裂隙（矿物夹杂带）的小尺寸煤岩试样容易在加工过程中被扭转破坏，而不能加工成型。因此，小尺寸试样内部结构完整性好，大尺度裂隙发育较少，而较大尺寸煤岩试样加工时的情况相对较好，内部存在大尺度裂隙相对较多，这也使得 P 波在大尺寸煤岩试样中传播速度降低（图 6-2）。

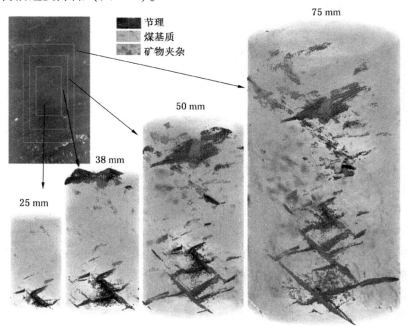

图 6-2　煤岩内部层理、矿物夹杂、节理分布

6.1.3 P 波波速的各向异性规律

由表 6-1 可知，不同尺寸（直径为 25 mm、38 mm、50 mm、75 mm）和各向异性角度（0°、15°、30°、45°、60°、90°）煤岩试样 P 波波速均值与各向异性角度曲线，如图 6-3 所示。不同尺寸煤岩试样的 P 波波速与各向异性角度曲线呈出相似性特征：当各向异性角度由 0°增加到 90°过程中，煤岩试样轴向 P 波波速呈先减少后增加的趋势，呈类 U 形特征，其具体表现为，P 波波速在各向异性角度为 0°时最大；其最小值在各向异性角度为 45°时获得；第二最大值在各向异性角度为 90°获得。这表明，P 波沿平行于层理方向传播时，煤岩试样 P 波波速最大；P 波沿垂直层理方向传播时，煤岩试样 P 波波速取次大值；P 波沿与煤岩试样层理方向呈 45°传播时，P 波波速最小。这种变化与单轴抗压强度最大值、次大值随各向异性角度变化的取值关系呈对称特征，这也表明，P 波波速与单轴抗压强度的关系可能随各向异性角度变化而变化。

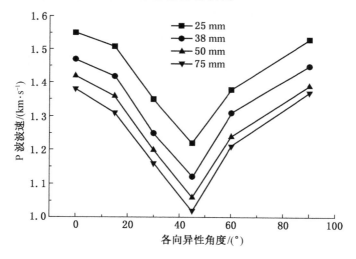

图 6-3 P 波波速均值随煤岩直径和各向异性角度变化特征

随着煤岩试样尺寸增加，P 波波速的各向异性特征发生变化，即均值的离散性增加，煤岩试样直径由 25 mm 增加到 75 mm 过程中，同尺寸试样 P 波波速均值的标准差分别为 0.118 km/s、0.124 km/s、0.125 km/s 和 0.127 km/s，其标准差增量为 0.09 km/s，这表明 P 波波速的各向异性特征随着试样尺寸增加而增加，但增量随试样尺寸增加呈减少趋势。

煤岩试样轴向波速的各向异性特征，可能与煤岩试样内部原生结构展布有关。P 波穿过节理、割理面时会发生折射、反射等现象，从而使测得 P 波波速穿过速度发生变化，如图 6-4 所示。这可能会导致从不同方向穿过煤岩试样的 P 波波速发生变化。根据 P 波波速穿过煤岩试样时，传播方向与层理、割理的夹角不同，可分为以下三种情况：

（1）当 P 波沿平行于层理方向传播时，无穿过层理现象，只有垂直穿过节理、割理，此时 P 波波速最大，即各向异性角度为 0°。

（2）当 P 波沿垂直层理穿过煤岩试样时，P 波需要垂直穿过多层层理交接处、交互穿过不同层波速传播不一样的层理介质，以及部分节理、割理面，这使得波速低于平行于层理测量时，即各向异性角度为 0°。

（3）当 P 波以一定角度穿过层理时，其穿过距离增加（由 l 增加到 $l\csc\varphi$），如图 6-5 所示，导致波速通过时间增加，因而其波速小于平行、垂直于层理面（各向异性角度为 0°、90°）测量时；受煤岩试样内有两组正交节理（割理）面的影响，节理、割理面与 P 波方向呈 β 或（90°-β），如图 6-2、图 6-5 所示，由于以上因素对 P 波传播速度的减弱作用，使得煤岩试样 P 波波速随着各向异性角度增加而呈 U 形分布特征，并各向异性角度接近 45°或 45°时最低（P 波入射方向与层理、节理面均呈 45°）。

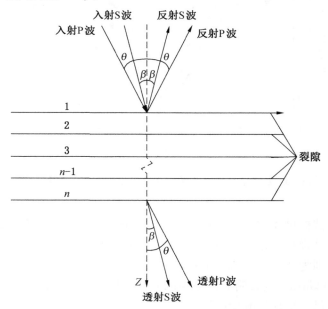

图 6-4　波斜入射波到平行裂缝示意图

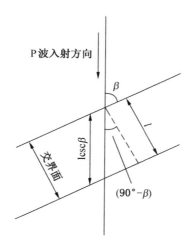

图6-5 P波波速穿过煤层层理/层理与矿物夹杂交界面示意图

6.2 P波波速与单轴抗压强度关系理论

6.2.1 理论分析

由于P波波速是估测煤岩试样单轴抗压强度的重要途径，岩石类材料单轴抗压强度与P波波速间的关联常用回归分析方法确定。在以往研究中，国内外学者对岩石单轴抗压强度和P波波速之间关系进行了较为深入的探讨，并积累了大量的研究成果，表6-2总结了以往研究中常用的煤及岩石单轴抗压强度与P波波速关联的经验公式。

由表6-2可知，以往研究获得的煤及岩石单轴抗压强度、P波波速均为正相关关系，这与本研究获得的煤岩P波波速和单轴抗压强度关系相似。同时，已被前述研究验证的煤及岩石P波波速与单轴抗压强度关系的表征公式，主要可分为四种：线型、指数型、幂函数、对数型，即

$$UCS = a_1 V_p + b_1 \tag{6-2}$$

$$UCS = a_2 e^{b_2 V_p} \tag{6-3}$$

$$UCS = a_3 V_p^{b_3} \tag{6-4}$$

$$UCS = a_4 \ln V_p + b_4 \tag{6-5}$$

式中，UCS 为单轴抗压强度；V_p 为P波波速；a_i、b_i 为常数，$i = 1, 2, 3, 4$。

表6-2　单轴抗压强度和P波波速关系公式

研究者	岩石种类	经验公式	相关系数
McNally	煤系岩石	$UCS = 1277e^{-117/V_p}$	0.83
Mccann et al.	多种英国岩石	$Y = ax^b$	0.88
Kahraman	48种不同岩石	$UCS = 9.95V_p^{1.21}$	0.82
Yasar and Erdogan	石灰、大理和白云石	$SV = 0.0317UCS + 2.0195$	0.80
Entwisle et al.	火山岩	$UCS = 0.783e^{0.882V_p}$	0.53
		$UCS = 0.292V_p^{4.79}$	0.53
Sharma and Singh	沉积岩、火成岩、变质岩	$UCS = 0.0642V_p - 117.99$	0.90
Cobanglu and Celik	砂岩、石灰岩和混凝土	$UCS = 56.71V_p - 192.93$	0.67
Moradian and Behnia	沉积岩	$UCS = 165.05\exp(-4451.07/V_p)$	0.70
Khandelwal and Singh	煤、页岩、砂岩	$UCS = 0.1333V_p - 227.19$	0.96
Diamantis et al.	蛇纹石	$UCS = 0.11V_p - 515.56$	0.81
Amin Jamshidi et al.	（不同类）孔石	$UCS = 101.1\ln(V_{P38}) - 802.81$	0.95
		$UCS = 87.84\ln(V_{P74}) - 690.5$	0.87
宋红华等	煤岩	$UCS = e^{\frac{1}{b}\ln\frac{V_p}{a}}$	0.81 ~ 0.87

注：表中相关系数只保留后两位小数，四舍五入。

6.2.2　相关性检验

　　回归分析是研究P波波速和单轴抗压强度之间关系的主要手段，相关性检验是研究回归分析公式与回归数据之间的相关性、检验回归分析公式在该试验数据中的适用性问题的主要方法。根据统计学知识，描述回归分析曲线与试验数据之间相关性问题的主要参数为相关系数，而回归分析显著性检验方法主要有 t 检验、F 检验、r 检验等。为此，本研究以现行回归分析和 F 检验为例，阐明相关系数在表述回归分析曲线与试验数据之间相关性的原理，显著性检验在回归分析公式检验中的应用。

　　1. 相关系数

　　线性回归分析中，相关系数是为了检验回归分析方程 $\hat{y} = \hat{a} + \hat{b}x$（$\hat{a}$、$\hat{b}$ 为常数）是否真的描述了随机变量 y 与 x 的线性关系而提出的。线性回归分析中，相关系数 R^2 表示为：

$$R^2 = \frac{U}{L_{yy}} \quad 或 \quad R^2 = 1 - \frac{Q_e}{L_{yy}} \tag{6-6}$$

式中，$Q_e = \sum_{i=1}^{n} (y_i - \hat{y_i})^2$，$U = \sum_{i=1}^{n} (\hat{y_i} - \bar{y})^2$，$L_{yy} = \sum_{i=1}^{n} (y_i - \bar{y})^2$，其中 $\hat{y_i} = \hat{a} + \hat{b}x_i$，$\bar{y}$、$\bar{x}$ 分别为 n 对数据 (x_i, y_i) $(i = 1, 2, \cdots, n)$ 中 y、x 均值，即

$$\bar{X} = \frac{1}{n} \sum_{i=1}^{n} x_i \qquad \bar{y} = \frac{1}{n} \sum_{i=1}^{n} y_i \qquad (6-7)$$

且，由统计学知识可知

$$L_{yy} = Q_e + U \qquad (6-8)$$

其中，U 描述了 $\hat{y_1}$，$\hat{y_2}$，$\cdots$，$\hat{y_n}$ 的离散程度；Q_e 表示回归直线上的点的纵坐标与观察值之间差的平方和，它表示了 x 对 y 线性影响后剩余的平方和。在回归分析中，式（6-7）表示 y 的变动程度可以分为两个部分：一部分是由于 x 对 y 的线性相关而引起的离散性（回归平方和 U）；另一部分是剩余部分引起的离散性（剩余平方和 Q_e）。在总和 L_{yy} 中 U 占的比重越大，说明随机误差所占比重越小，回归分析函数与数据之间的相关性越大。

2. 回归分析显著性检验

显著性检验是验证回归分析效果显著性的重要手段，回归分析公式的显著性检验可采用 F 检验法、t 检验法和 r 检验法。在一元回归分析中，这三种方法在本质上是一致的。因此，本文以 F 检验法为例讲述回归分析函数的显著性判断方法。

在一元线性模型中（回归分析函数 $y = a + bx$），对回归分析函数的 F 检验可做假设，$H_0: b = 0$ 为真，即回归分析函数与回归分析数据不相关，根据统计学知识可知，U 与 Q_e 独立，且

$$\frac{U}{\sigma^2} \sim \chi^2(1) \qquad (6-9)$$

$$F = \frac{(n-2)U}{Q_e} \sim F(1, n-2) \qquad (6-10)$$

式中，n 为数据 (x_i, y_i) $(i = 1, 2, \cdots, n)$ 的数量；U 与 Q_e 意义同式（6-8）。作为 $H_0: b = 0$；$H_1: b \neq 0$ 的检验统计量，对显著性水平 λ，可查出 $F_{1-\lambda}(1, n-2)$ 的值：

$$P\{F_\lambda(1, n-2)\} \geq F_{1-\lambda}(1, n-2) = \lambda \qquad (6-11)$$

于是，得到检验线性回归效果的显著性 F 检验法则为：

（1）若计算得到 $F \geq F_{1-\lambda}(1, n-2)$，则拒绝 H_0，此时称线性回归分析效果显著，即 y 与 x 之间存在线性相关关系。

（2）若计算得到 $F < F_{1-\lambda}(1, n-2)$，则接受 H_0，此时称线性回归分析效果

不显著，即 y 与 x 之间不存在线性相关关系。

同时，该检验方法也适用于通过数学变换而转化为线性公式的一元回归分析函数，本研究所采用其他回归分析函数（指数函数、幂函数、对数函数）亦均可转化为线性模型，即式（6-3）~式（6-5）则可依次转化为：

$$m = A_1 + b_2 n \qquad (6-12)$$

式中，$m = \ln(UCS)$，$A_1 = \ln a_2$，$n = V_p$。

$$m = A_2 + b_3 t \qquad (6-13)$$

式中，$m = \ln(UCS)$，$A_2 = \ln a_3$，$t = \ln V_p$。

$$UCS = a_4 t + b_4 \qquad (6-14)$$

式中 $m = \ln(UCS)$，$n = V_p$；$t = \ln V_p$。

根据以往研究，P 波波速和单轴抗压强度数据分布符合正态分布，本研究中其他公式亦可据此转化为线性回归分析公式。因而，本研究所采用回归分析均可采用相关系数和 F 检验方法，对数据和回归分析曲线的相关性和其显著性进行检验。

6.2.3 煤岩试样波速与单轴抗压强度关系

为了研究煤岩试样 P 波波速和单轴抗压强度之间的关系，根据实验获得的不同尺寸和各向异性角度试样 P 波波速和相应单轴抗压强度数据，利用前述研究获得的煤及岩石的 P 波波速和单轴抗压强度公式（6-2）~式（6-5），分别对实验数据进行线性、指数、幂及对数回归分析，以获取适合煤岩试样 P 波波速和单轴抗压强度之间关系的公式。

1. 线性回归分析

根据实验获得的不同尺寸和各向异性角度试样单轴抗压强度及 P 波波速，本研究采用式（6-2）对单轴抗压强度和 P 波波速之间的相关性进行线性回归分析，其结果如图 6-6 及式（6-15）所示。

$$UCS = 13.63 V_p - 4.95 \qquad (6-15)$$

式中，UCS 为单轴抗压强度；V_p 为 P 波波速。根据回归分析结果，回归分析曲线与实验数据具有较好的相关性，其能反映单轴抗压强度随 P 波波速变化而变化的规律，且式（6-15）与实验数据之间的相关系数 R^2 为 0.611，同时，置信区间 0.95 条件下，$F = 112.57 > F_{0.95}(1, n-2) = F_{0.95}(1, 70)$，（$4.00 > F_{0.95}(1, 70) > 3.96$），这也表明回归分析效果显著。

2. 指数回归分析

采用式（6-3）进行不同尺寸和各向异性角度试样单轴抗压强度及 P 波波速的指数回归分析，其回归分析结果如图 6-7 及式（6-16）所示。

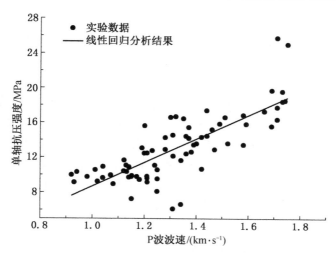

图 6-6 不同尺寸各向异性角度试样单轴抗压强度与 P 波波速线性回归分析结果

$$UCS = 3.21e^{1.04V_p} \qquad (6-16)$$

式中，UCS 为单轴抗压强度；V_p 为 P 波波速。显然，指数回归分析效果较为显著，置信区间 0.95 条件下，$F = 1213.26 > F_{0.95}(1, n-2) = F_{0.95}(1, 70)$，$(4.00 > F_{0.95}(1, 70) > 3.96)$。同时，指数回归分析与实验数据之间的相关性高于线性回归分析结果，其相关系数 R^2 为 0.639，并且在 P 波波速小于 1.0 km/s 时，其与实验数据的相关性要强于线性回归分析结果。

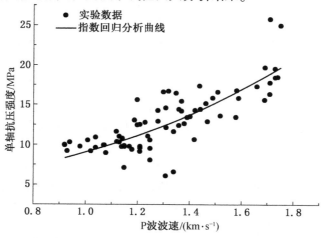

图 6-7 不同尺寸、各向异性角度试样单轴抗压强度与 P 波波速指数回归分析结果

3. 幂函数回归分析

采用式（6-4）对实验获得 P 波波速和单轴抗压强度进行幂函数回归分析，回归分析结果如图6-8所示、回归分析获得式（6-17）。

$$UCS = 8.69V_p^{1.43} \tag{6-17}$$

式中，UCS 为单轴抗压强度；V_p 为 P 波波速。置信区间 0.95 条件下，回归分析效果显著，计算获得 F 检验中 $F = 1154.71 > F_{0.95}(1, n-2) = F_{0.95}(1, 70)$，$(4.00 > F_{0.95}(1, 70) > 3.96)$。幂函数回归分析结果表明，幂函数表述的不同尺寸和各向异性角度试样 P 波波速与单轴抗压强度之间相关性，弱于指数函数，且与线性函数相差不大，式（6-17）与实验数据之间的相关系数 R^2 为 0.622，略高于线性回归分析，但低于指数回归分析。

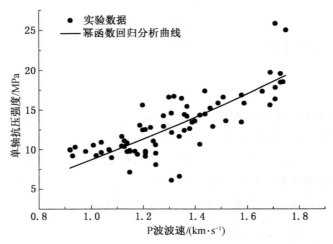

图6-8　不同尺寸、各向异性角度试样单轴抗压强度与 P 波波速幂函数回归分析结果

4. 对数回归分析

不同尺寸和各向异性角度试样 P 波波速和单轴抗压强度之间的指数回归分析采用式（6-5），其回归分析结果如图6-9和式（6-18）所示。

$$UCS = 17.57\ln V_p + 8.40 \tag{6-18}$$

式中，UCS 为单轴抗压强度；V_p 为 P 波波速。对数回归分析能反映 P 波波速与单轴抗压强度之间的相关性，置信区间 0.95 条件下，$F = 1030.19 > F_{0.95}(1, n-2) = F_{0.95}(1, 70)$，$(4.00 > F_{0.95}(1, 70) > 3.96)$，表明回归分析效果显著。式（6-18）与实验数据之间的相关系数 R^2 为 0.577，低于其他三种回归分析结果，此外，在 P 波波速大于 1.7 km/s 和小于 1.0 km/s 时，稍有偏离实验数据，如图 6-9 所示。

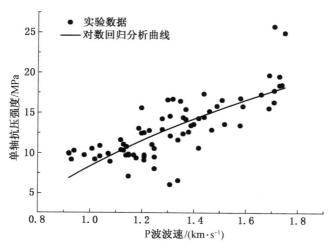

图 6-9　不同尺寸、各向异性角度试样单轴抗压强度与 P 波波速对数函数回归分析结果

对比图 6-5、图 6-7、图 6-8 和图 6-9，以及相应拟合结果后发现，线型、指数型、幂函数型回归函数与实验数据均具有一定的相关性，且其相关性相差不大，相关系数在 0.577~0.639 之间。但总体上，指数函数曲线与实验数据的相关性最高，为 0.639，回归分析曲线能体现单轴抗压强度随 P 波波速变化而变化的特征；线性函数与幂函数曲线与实验数据之间的相关性相差不大，分别为 0.611和 0.622，但其均在 P 波波速小于 1.0 km/s 时与试验数据表现出的一致性弱于指数函数；对数函数能在一定程度上表述单轴抗压强度与 P 波波速之间的相关性，但在 P 波波速大于 1.7 km/s 和小于 1.0 km/s 时不能完全反映单轴抗压强度与 P波波速之间的变化关系。

因此，不同尺寸和各向异性角度之间试样单轴抗压强度与 P 波波速之间的关系用指数函数描述较为合适。此外，由以上 4 种回归分析可知，回归分析函数与试验数据之间的相关性均较低，这一方面与试验数据离散性较大有关系，另一方面也可能与各向异性和尺寸效应对 P 波波速和单轴抗压强度关系的影响有关系。

6.3　波速-强度各向异性规律

以往学者对煤岩试样单轴抗压强度和 P 波波速随着各向异性角度变化特征系统性的研究较少。因此，本研究以不同尺度、各向异性角度煤岩试样单轴抗压强度与 P 波波速实验数据为研究对象，分析了单轴抗压强度与 P 波波速之间关系随各向异性角度的变化特征。据此，本研究将具有相同各向异性角度（包含不同尺寸煤岩试样），即各向异性角度为 0°、15°、30°、45°、60°、90°煤岩试样的 P 波波速和单轴抗压强度进行归类，以扩大回归分析波速和强度范围。

同时，以往研究获得的线性、指数、幂、对数函数关系，能不同程度的反映不同尺度和各向异性角度试样 P 波波速与单轴抗压强度之间的关系，考虑到煤岩试样 P 波波速与单轴抗压强度之间的各向异性关系存在跨越回归分析函数的可能性。因此，本研究采用线性、指数、幂、对数函数，即式（6-2）~式（6-5），分别对不同各向异性角度试样单轴抗压强度和 P 波波速关系进行回归分析。

6.3.1 线性函数回归分析

本节采用式（6-2）对不同各向异性角度（0°、15°、30°、45°、60°、90°）煤岩试样 P 波波速和单轴抗压强度分别进行线性回归分析。回归分析结果如图 6-10 所示。表 6-3 总结了不同各向异性角度煤岩试样在式（6-2）中的常数和相关系数。显然，图 6-10a ~ 图 6-10f 中不同各向异性角度线性回归分析曲线与实验数据均表现出较好的相关性，回归分析效果均比较显著，置信区间 0.95 条件下，不同各向异性角度试样回归分析函数显著性检验值 F 值均大于 $F_{0.95}(1, n-2)$ = $F_{0.95}(1, 10)$ = 4.96。但不同各向异性角度回归分析曲线之间也有一定的差异性。

表 6-3　不同各向异性角度煤岩试样在式（6-2）中各参数及相关系数情况

参数	0°	15°	30°	45°	60°	90°
a_1	20.78	21.27	13.17	13.64	16.24	8.28
b_1	−16.47	−16.60	−4.69	−3.38	−8.19	3.40
R^2	0.705	0.623	0.563	0.778	0.762	0.584
F	27.35	19.15	15.20	39.51	36.20	16.47
$F_{0.95}(1, 10)$	4.96					

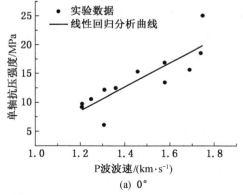

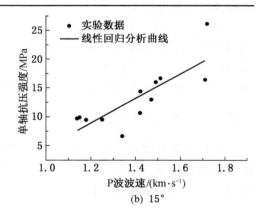

(a) 0°　　　　　　　　(b) 15°

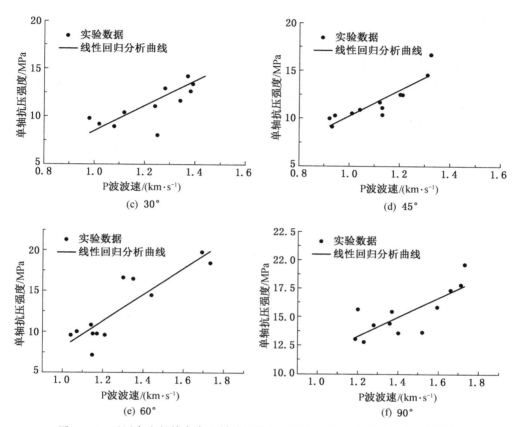

图 6-10 不同各向异性角度试样单轴抗压强度与 P 波波速线性回归分析结果

与不同各向异性角度数据一起回归分析相比，不同各向异性角度煤岩试样实验数据分别回归分析时，回归分析曲线与部分实验数据的相关性有所提升，相关系数在各向异性角度为 45° 时最大，其值为 0.778；在部分各向异性角度煤岩试样内，实验数据与式（6-2）的相关性有所下降，在各向异性角度 30° 和 90° 煤岩试样内，相关性系数分别为 0.563 和 0.584，均低于所有实验数据一起回归分析。同时，在各回归分析公式相同的条件下，煤岩试样 P 波波速与单轴抗压强度的关系具有明显的各向异性特征。回归分析获得的式（6-2）中常数 a_1、b_1 均随试样各向异性角度变化而不同。

根据线性函数特点，式（6-2）中常数 a_1（斜率）可表征为单轴抗压强度随 P 波波速增加而增加，不同回归分析函数的差异性可由相关常数 a_1 来表述，其中增加最快的为各向异性角度为 15°，a_1 值为 21.27，增加最慢的为各向异性角度为 90°时，a_1 值为 8.28。

6.3.2 指数函数回归分析

本节采用与 6.3.1 节相同的 P 波波速和单轴抗压强度实验数据分组，运用式 (6-3) 对各组数据分别进行回归分析，研究指数回归分析在不同各向异性角度煤岩试样 P 波波速和单轴抗压强度关系上的各向异性特征，回归分析结果见表 6-4、图 6-11。

表6-4　不同各向异性角度试样在式 (6-3) 中各参数及相关系数情况

参数	0°	15°	30°	45°	60°	90°
a_2	1.43	1.21	2.34	3.00	2.99	6.85
b_2	1.52	1.67	1.28	1.22	1.10	0.56
R^2	0.727	0.676	0.615	0.824	0.731	0.610
F	180.98	133.30	312.75	1045.28	220.82	830.80
$F_{0.95}$ (1, 10)	4.96					

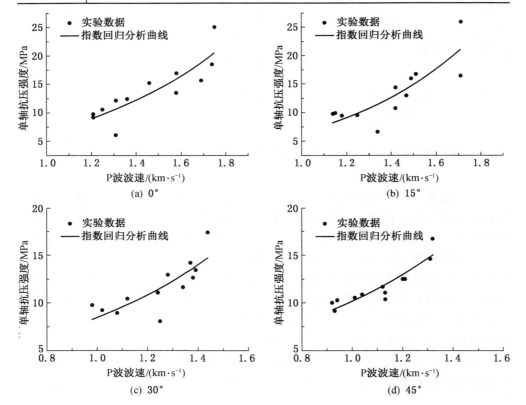

(a) 0°　　　　(b) 15°

(c) 30°　　　　(d) 45°

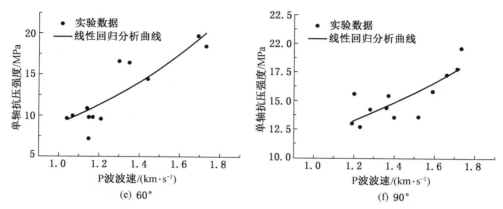

图 6-11 不同各向异性角度试样单轴抗压强度与 P 波波速指数函数回归分析结果

指数回归分析对不同各向异性角度试样 P 波速和单轴抗压强度关系也具有一定的适用性，与不同各向异性角度数据一起回归分析相比，不同各向异性角度试样实验数据分别回归分析时，回归分析曲线与实验数据的相关性均有所提升，且其与实验数据的相关性要强于线性回归分析（表 6-4）。同时，置信区间 0.95 条件下，指数回归分析效果也均被检验为比较显著，不同各向异性角度回归分析函数 F 值均大于 $F_{0.95}$（1，$n-2$）= $F_{0.95}$（1，10）= 4.96。

指数回归分析中，不同加载方向 P 波波速和单轴抗压强度关系也存在各向异性，式（6-3）中常数 a_2、b_2 也随着各向异性角度的变化而变化，与 6.3.1 节线性回归分析类似，将不同各向异性角度试样实验数据分别进行回归分析时，回归分析曲线与实验数据相关性有很大提升，其中相关系数在各向异性角度为 45°时最大，值为 0.824，相关性系数在各向异性角度为 90°时最小，值为 0.610，这与线性回归相类似。同时，指数回归分析中，不同各向异性角度 P 波波速与单轴抗压强度之间关系的相关性系数均高于线性回归分析（各向异性角度为 60°时除外，由 0.762 减少到 0.731）。

6.3.3　幂函数回归分析

幂函数回归分析采用式（6-4），P 波波速和单轴抗压强度实验数据分组与 6.3.1 节和 6.3.2 节相同。不同各向异性角度试样 P 波波速和单轴抗压强度的幂函数回归分析结果见表 6-5，式（6-4）中相应常数 a_3、b_3 及相关性系数 R^2，F 检验结果见表 6-5。

由表 6-5 可知，置信区间 0.95 条件下，不同各向异性角度 F 值均大于 $F_{0.95}$（1，$n-2$）= $F_{0.95}$（1，10）= 4.96，表明指数回归分析效果均比较显著。与不同各向异性角度数据一起回归分析相比，不同各向异性角度试样实验数据分别回归分析时，幂函数回归分析曲线与实验数据的相关性也有所提升（图6-12和表6-5）。

同时，表6-5表明，P波波速与单轴抗压强度之间的关系也存在各向异性特征，式（6-4）中常数 a_3、b_3 均随试样各向异性角度变化而变化，且变化幅度较大，这与之前两种函数回归分析曲线类似。同时，相比于6.2.3节中将所有数据统一进行回归分析，不同各向异性角度试样分别回归分析时，大部分实验数据与回归分析曲线之间的相关性也有明显提升，相关性较高的是各向异性角度为45°和60°，其数值分别为0.789和0.753；最小的为各向异性角度为30°时，其数值为0.580，这与线性回归分析结果类似。

表6-5 不同各向异性角度试样在式（6-3）中各参数及相关系数情况

参数	0°	15°	30°	45°	60°	90°
a_3	5.76	5.64	8.35	10.19	8.48	11.50
b_3	2.25	2.42	1.51	1.34	1.56	0.79
R^2	0.719	0.660	0.580	0.789	0.753	0.577
F	175.37	126.59	286.08	873.76	240.84	766.95
$F_{0.95}$ (1，10)				4.96		

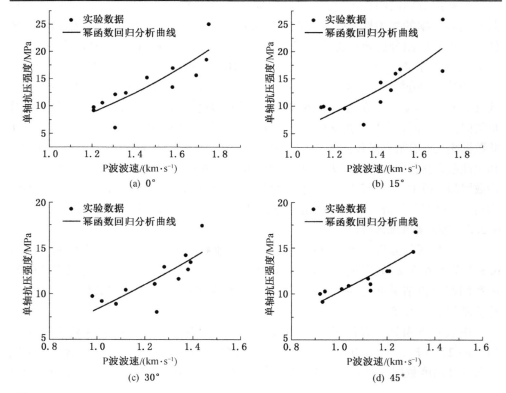

(a) 0° (b) 15° (c) 30° (d) 45°

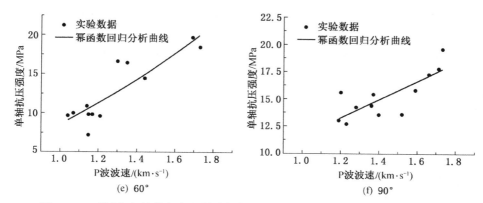

图 6-12 不同各向异性角度试样单轴抗压强度与 P 波波速幂函数回归分析结果

6.3.4 对数函数回归分析

　　P 波波速与单轴抗压强度关联的对数函数回归分析采用式（6-5），P 波波速和单轴抗压强度实验数据分组与前述研究相同，回归分析获得的不同各向异性角度试样 P 波波速与单轴抗压强度回归分析曲线如图 6-13 所示，式（6-5）中常数 a_4、b_4 即相应相关性系数 R^2，见表 6-6。

　　显然，置信区间 0.95 条件下，表 6-6 中不同各向异性角度 F 值均大于 $F_{0.95}$（1，$n-2$）= $F_{0.95}$（1，10）= 4.96，与不同各向异性角度数据一起回归分析相比，回归分析曲线与实验数据的相关性有所提升，提升最明显的各向异性角度为 60°，相关性系数为 0.785。随着各向异性角度的变化，式（6-5）中，不同各向异性角度实验数据回归分析所获得的常数 a_4、b_4 均表现出各向异性特征（表 6-6）。

　　根据以上四种回归函数对不同各向异性角度煤岩试样 P 波波速单轴抗压强度关系的回归分析可知。

　　（1）煤岩试样 P 波波速与单轴抗压强度之间的关系存在各向异性特征。线性、指数、幂函数、对数函数回归分析公式内常数随各向异性角度变化而变化，见表 6-3~表 6-6。

　　（2）不同各向异性角度试样实验数据单独回归分析，大部分各向异性角度煤岩试样的 P 波波速、单轴抗压强度与回归分析曲线的相关性要强于所有各向异性角度煤岩试样实验数据一起回归分析。

　　（3）对于同一各向异角度煤岩试样的 P 波波速和单轴抗压强度数据，采用不同回归公式进行回归分析时，不同种回归公式之间的相关系数不同。

　　（4）整体上看，对不同各向异性角度试样 P 波波速与单轴抗压强度之间的关系，指数函数与实验数据的相关性最高，其他三种函数区别不显著。

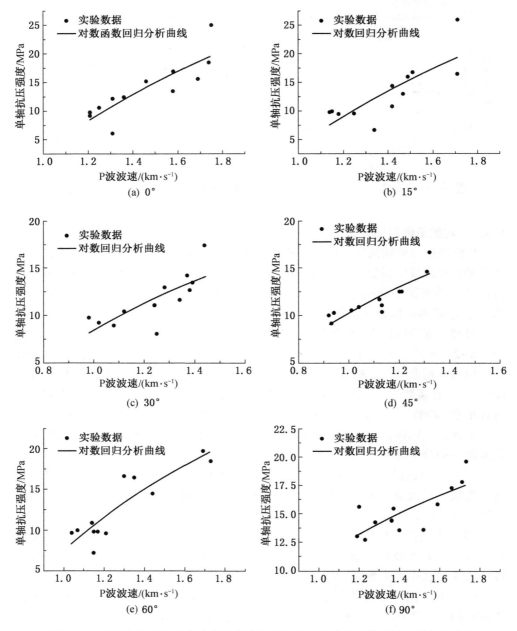

图 6-13　不同各向异性角度试样单轴抗压强度与 P 波波速对数函数回归分析结果

表6-6 不同各向异性角度试样在式（6-5）中各参数及相关系数情况

	0°	15°	30°	45°	60°	90°
a_4	30.13	29.01	15.34	14.69	22.29	11.66
b_4	2.74	3.67	8.46	10.33	7.39	11.17
R^2	0.691	0.588	0.528	0.770	0.785	0.551
F	159.35	103.63	254.10	709.05	259.15	722.40
$F_{0.95}$ (1, 10)	4.96					

6.3.5 P波波速和强度各向异性规律

为了验证各向异性角度对煤岩 P 波波速和单轴抗压强度关系影响的显著性，本研究引入方差分析方法，对其显著性进行检验。在统计学中，方差分析是检验单一或多个因素对结果是否具有显著性影响的有效方法。针对各向异性角度这一单一因素影响，本研究采用单因子方差分析检验各向异性角度对试验数据与回归分析函数相关性影响差异的显著性进行检验。

根据统计学理论和本研究特点，本研究单因子方差分析分为 6 个水平（r'）（分别为 0°、15°、30°、45°、60°、90°），每个水平有 4 个独立试验（n_i）（依次为线性、指数、幂函数、对数函数），建立的显著性方差分析表格（表6-7）。

表6-7 各向异性角度对相关系数影响显著性方差分析表格

r'	1	2	3	4
1	0.705	0.727	0.719	0.691
2	0.623	0.676	0.66	0.588
3	0.563	0.615	0.58	0.528
4	0.778	0.824	0.789	0.770
5	0.762	0.731	0.753	0.785
6	0.584	0.61	0.577	0.551

根据统计学知识，做假设检验 H_0：$\mu_1 = \mu_2 = \mu_3 = \mu_4 = \mu_5 = \mu_6$，即假设 6 个各向异性角度（0°、15°、30°、45°、60°、90°）相关性系数 R^2 的期望值是相等的。在单因子方差分析中，平方和有如下恒等式：

$$S_T = S_e + S_A \tag{6-19}$$

式中，$S_T \triangleq nS^2$；$S_e = \sum_{i=1}^{r} n_i S_i^2$；$S_A \triangleq \sum_{i=1}^{r} n_i (\bar{X}_i - \bar{X})^2$，其中，

$$\bar{X} = \frac{1}{n} \sum_{i=1}^{r} \sum_{j=1}^{n_i} X_{ij} = \frac{1}{n} \sum_{i=1}^{r} n_i \bar{X}_i \tag{6-20}$$

$$S^2 = \frac{1}{n} \sum_{i=1}^{r} \sum_{j=1}^{n_i} (X_{ij} - \bar{X})^2 \tag{6-21}$$

$$X_i = \frac{1}{n_i} \sum_{j=1}^{n_i} X_{ij} \qquad S_i^2 = \frac{1}{n_i} \sum_{j=1}^{n_i} (X_{ij} - \bar{X})^2 \tag{6-22}$$

其中，X_{ij}（$i=1, 2, \cdots, r$；$j=1, 2, \cdots, n_i$）为 i 水平下，试验次数为 j 的相关系数，本研究中 $r'=6$，$n_i=4$；S^2 为所有相关系数（X_{ij}）与其期望（$\bar{X}$）的方差；$\bar{X}_i$ 为 i 水平所有相关系数的期望；n 为所有相关系数的总和，本研究为 24；S_i^2 为 i 水平所有相关系数的方差。

单因子方差分析模型中有：

$$\frac{S_e}{\sigma^2} \sim \chi^2 (n - r') \tag{6-23}$$

当 H_0 成立时，则有 $\dfrac{S_A}{\sigma^2} \sim \chi^2 (r'-1)$，且 S_e 与 S_A 相互独立，因而 H_0 成立时，F 值可由如下公式计算：

$$F = \frac{S_A / (r' - 1)}{S_e / (n - r')} \sim F(r' - 1, n - r') \tag{6-24}$$

记 $\bar{S}_A = S_A / (r'-1)$，$\bar{S}_e = S_e / (n-r')$，则式（6-24）可转化为：

$$F = \frac{\bar{S}_A}{\bar{S}_e} \tag{6-25}$$

于是，在给定显著性水平 λ 下，检验假设的法则 H_0 为：

（1）若 $F \geqslant F_{1-\lambda} (r'-1, n-r')$ 则拒绝 H_0，认为回归分析函数对试验结果的影响显著。

（2）若 $F < F_{1-\lambda} (r'-1, n-r')$，则接受 H_0，认为回归分析函数对试验结果的影响不显著。

据此，构建回归分析函数对相关性影响显著性方差分析计算表格，具体见表 6-8。

表 6-8 各向异性角度对相关系数影响显著性方差分析表格

方差来源	平方和 S	自由度 f	方差 $\bar{S}$	F 值
因素 A	$S_A = S_T - S_e$	$r'-1$	$\bar{S}_A$	$F = \dfrac{\bar{S}_A}{\bar{S}_e}$
误差 e	$S_e \overset{\triangle}{=\!=\!=} \sum\limits_{i=1}^{r} n_i S_i^2$	$n-r'$	$\bar{S}_e$	
总和	$S_T^2 = \dfrac{1}{n} \sum\limits_{i=1}^{r} \sum\limits_{j=1}^{n_i} (X_{ij} - \bar{X})^2$	$n-1$	—	—

根据表 6-8 计算后得到：$S_A = 0.169979$，$S_e = 0.014295$，$S_T = 0.184274$，且 $(r'-1) = 5$，$(n-r') = 18$；计算得到 $F = 42.81$；给定显著性水平 0.95，查表得到：$F_{0.95}(3, 20) = 3.10 < F = 42.81$。这表明，给定置信水平 0.95 条件下，各向异性角度对回归分析曲线和试验数据之间的相关性具有显著的影响。

6.4 P 波波速与强度关联的尺寸演化规律

由前述研究可知，随着试样尺寸的增加，P 波波速的各向异性增强，而单轴抗压强度的各向异性减弱，因此试样尺寸会对 P 波波速和单轴抗压强度的相关性有影响。由于线性、指数、幂函数以及对数函数均能从不同程度上反映 P 波波速和单轴抗压强度之间的相关性。因此，本研究将 4 个尺寸（直径 25 mm、38 mm、50 mm、75 mm）煤岩试样的单轴抗压强度和 P 波波速分别进行线性、指数、幂函数以及对数函数分别进行回归分析，用以探究 P 波波速和单轴抗压强度关联的尺寸效应特征。

6.4.1 线性函数回归分析

首先对直径为 25 mm、38 mm、50 mm、75 mm 煤岩试样的 P 波波速和单轴抗压强度分别进行线性回归分析，回归分析采用式（6-2），不同尺寸煤岩试样 P 波波速和单轴抗压强度回归分析曲线如图 6-14 所示，常数 a_1、b_2 及相关系数见表 6-9。

给定置信区间 0.95 条件下，不同尺寸煤岩试样回归分析函数与试验数据之间的 F 值均大于 $F_{0.95}(1, n-2) = F_{0.95}(1, 16) = 4.49$，表明回归分析效果均比较显著，线性回归分析曲线与实验数据有良好的相关性。不同尺寸煤岩试样单轴抗压强度和 P 波波速实验数据以及它们各自线性回归分析曲线的相关性系数也均在 0.558 之上。

对比图 6-14 和表 6-9 中实验数据和回归分析曲线之间的相关性可知，不同尺寸煤岩试样实验数据与回归曲线之间的相关性也不同，其中相关性最大的为煤岩试样直径为 38 mm 时，相关性系数为 0.867，最小的为煤岩试样直径为 50 mm

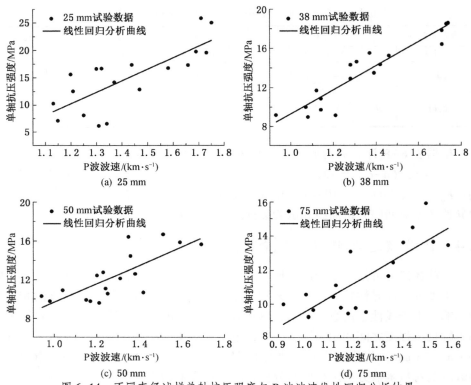

图 6-14　不同直径试样单轴抗压强度与 P 波波速线性回归分析结果

时，相关性系数为 0.558。这表明，采用线性回归分析确定煤岩试样单轴抗压强度和 P 波波速之间的相关性时，采用直径为 38 mm 的煤岩试样较好。

此外，不同直径煤岩试样实验数据回归分析获得的式（6-2）中常数 a_1 随着煤岩试样尺寸增加而减少，试样直径由 25 mm 增加到 75 mm 时，其值由 21.13 减少到 8.56。这表明，随着煤岩试样尺寸的增加，其单轴抗压强度逐渐减小；随着 P 波波速的增加，煤岩试样单轴抗压强度逐渐增大，这与煤岩强度尺寸效应研究成果相一致。

表 6-9　不同各向异性角度试样在式（6-2）中各参数及相关系数情况

	25 mm	38 mm	50 mm	75 mm
a_1	21.13	12.19	9.55	8.56
b_1	-15.13	-2.93	-0.10	0.91
R^2	0.576	0.867	0.558	0.623
F	24.09	112.25	22.42	29.11
$F_{0.95}$ (1, 16)	4.49			

6.4.2 指数函数回归分析

与前述研究相同，采用式（6-3）对不同尺寸煤岩试样 P 波波速和单轴抗压强度进行回归分析，获得相应实验数据和回归分析曲线如图 6-15 所示，不同尺寸煤岩试样在式（6-3）中相应常数及相关性系数见表 6-10。

给定置信水平 0.95 条件下，不同尺寸煤岩试样的试验数据与回归分析函数间 F 值均大于 $F_{0.95}（1，n-2）= F_{0.95}（1，16）= 4.49$，这表明，指数回归分析效果均比较显著，实验数据与回归分析曲线之间相关性最大的为煤岩试样直径为 38 mm 时，相关性系数为 0.849，相关性最差的为煤岩试样直径为 50 mm 时，相关性系数为 0.566，这与线性回归分析结果类似。

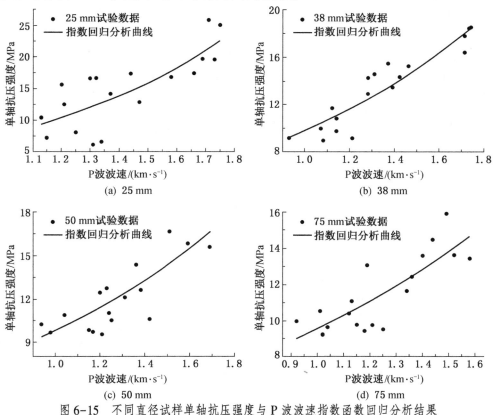

图 6-15 不同直径试样单轴抗压强度与 P 波波速指数函数回归分析结果

同时，指数回归分析获得式（6-3）中常数 b_2 也随着煤岩试样尺寸增加而减少，煤岩试样直径为 25 mm 时，b_2 值为 1.42，直径为 75 mm 时，b_2 值为 0.74。这也反映了煤岩试样单轴抗压强度随 P 波波速变化情况，这一点也与线性回归分析类似。

表6-10　不同各向异性角度试样在式（6-3）中各参数及相关系数情况

	25 mm	38 mm	50 mm	75 mm
a_2	1.89	4.16	4.58	4.51
b_2	1.42	0.86	0.76	0.74
R^2	0.600	0.849	0.566	0.638
F	161.80	1046.12	523.90	800.78
$F_{0.95}$ (1, 16)	4.49			

6.4.3　幂函数回归分析

不同尺寸煤岩试样 P 波波速和单轴抗压强度关系的幂函数回归分析采用式（6-4），所得回归分析曲线如图 6-16 所示，不同尺寸煤岩试样在式（6-4）中的常数 a_3、b_3 及相关性系数见表 6-11。给定置信水平 0.95 条件下，不同各向异性角度 F 值均大于 $F_{0.95}$（1，$n-2$）= $F_{0.95}$（1，16）= 4.49，表明回归分析效果均比较显著。

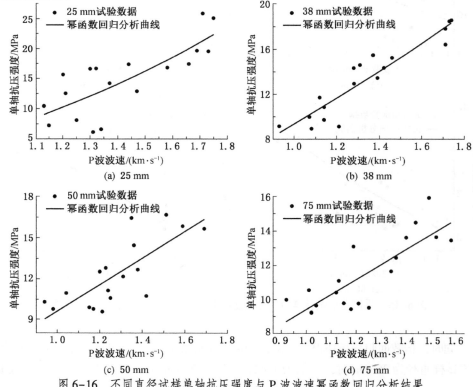

图 6-16　不同直径试样单轴抗压强度与 P 波波速幂函数回归分析结果

由表6-11中相关性系数及图6-16实验数据和回归分析曲线之间的相关性可知，幂函数回归分析条件下，回归分析曲线与不同尺寸煤岩试样实验数据间的相关性也随着煤岩试样尺寸而变化，相关性最大的为煤岩试样直径为38 mm时，相关系数为0.866；相关性最小的为煤岩试样直径为25 mm时，相关系数为0.600，这与线性回归分析和指数回归分析相似。

表6-11 不同各向异性角度试样在式（6-4）中各参数及相关系数情况

	25 mm	38 mm	50 mm	75 mm
a_3	7.02	9.37	9.61	9.42
b_3	2.07	1.21	1.05	0.93
R^2	0.600	0.866	0.558	0.621
F	157.72	1176.10	514.26	764.48
$F_{0.95}$ (1, 16)	4.49			

由表6-11得，幂指数 b_3 随着煤岩试样尺寸增加而减少，煤岩试样直径为25 mm时，其值为2.07；煤岩试样直径为75 mm时，其值为0.93。这也表明了煤岩试样单轴抗压强度随P波波速增加而增加的量随着煤岩试样尺寸增加而减少，这也与线性回归分析和指数回归分析相似。

6.4.4 对数函数回归分析

采用式（6-5）不同尺寸煤岩试样P波波速与单轴抗压强度分别进行对数回归分析，以研究二者之间关系。所获得的回归分析曲线与实验数据之间关系如图6-17所示，不同尺寸煤岩试样在式（6-5）中常数 a_4、b_4 以及曲线与实验数据之间的相关性系数见表6-12。

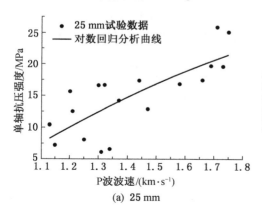

(a) 25 mm

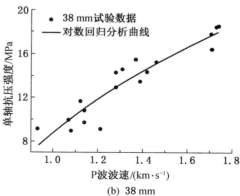

(b) 38 mm

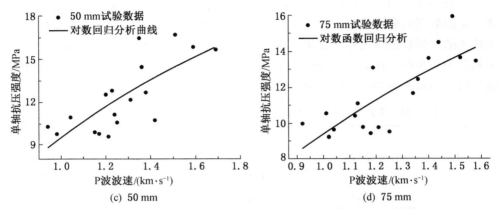

图 6-17　不同直径试样单轴抗压强度与 P 波波速对数函数回归分析结果

给定置信区间 0.95 条件下，不同各向异性角度 F 值均大于 $F_{0.95}$（1，$n-2$）= $F_{0.95}$（1，16）= 4.49，表明对数回归分析效果均比较显著。对数函数也能反映不同尺寸煤岩试样 P 波波速和单轴抗压强度之间的正相关性，其不同尺寸煤岩试样实验数据和回归分析曲线之间的相关性系数也与其他三种回归分析方式相差不大。

仅考虑回归分析曲线与实验数据之间的相关性时，煤岩试样直径为 38 mm 时，实验数据与回归分析曲线的相关性最大，相关性系数为 0.866；煤岩试样直径为 25 mm 时，实验数据与回归曲线的相关性最小，相关性系数为 0.559。

同样，不同尺寸煤岩试样实验数据回归分析所获得式（6-5）中常数 a_4 也随着试样直径增加而减少，煤岩试样直径为 25 mm 时，系数 a_4 的值为 29.92；煤岩试样直径为 75 mm 时，系数 a_4 的值减少到 10.36，与前三种回归分析结果相似，这种趋势表明，试样单轴抗压强度随 P 波波速增加而增加，随着试样尺寸增加而减少。

表 6-12　不同各向异性角度试样在式（6-5）中各参数及相关系数情况

	25 mm	38 mm	50 mm	75 mm
a_4	29.92	16.42	11.91	10.36
b_4	4.69	8.89	9.52	9.41
R^2	0.559	0.866	0.534	0.596
F	146.07	1176.32	487.61	714.97
$F_{0.95}$（1，16）	4.49			

本节分别采用线性、指数、幂函数、对数回归分析，分析不同尺寸（直径分别为 25 mm、38 mm、50 mm、75 mm）煤岩试样 P 波波速和单轴抗压强度之间的关系，研究煤岩试样 P 波波速和单轴抗压强度之间关系随尺寸变化特征，结果表明。

（1）线性、指数、幂函数、对数回归分析均能从某种程度上表征不同尺寸单轴抗压强度随 P 波波速的变化特征，这可能与煤岩试样 P 波波速和单轴抗压强度的离散性较大，导致回归分析时二者关系有较大的变化空间；或者回归分析所采用 P 波波速区间较小，导致实验数据反映的单轴抗压强度随 P 波波速变化趋势不显著等原因有关。

（2）煤岩试样 P 波波速和单轴抗压强度与回归分析曲线之间的相关性随着试样尺寸而变化，这可能与随着尺寸单轴抗压强度和 P 波波速各向异性特征的相反变化趋势有关。

（3）对于特定尺寸煤岩试样，实验数据与不同回归分析函数的相关性不同，与四个尺寸煤岩试样 P 波波速和单轴抗压强度相关性最大的回归分析函数并不具有一致性。

（4）根据实验数据与不同回归分析函数之间的相关性，P 波波速与单轴抗压强度呈正相关，对于不同尺寸的试样 P 波波速与单轴抗压强度之间的关系，推荐使用指数函数来表述二者之间的关系，因为其与不同尺寸试样实验数据的相关系数相对大于其他函数。

对比 6.2 节和 6.4 节不同尺寸和各向异性角度、不同各向异性角度和相同尺寸试样四种回归分析结果可知，相比于各尺寸和不同各向异性角度试样试验数据一起进行回归分析，采用不同尺寸试样 P 波波速和单轴抗压强度试验数据进行回归分析时，部分尺寸煤岩试样线性、指数、幂、对数函数回归分析曲线与实验数据的相关性有明显提升。

6.4.5 P 波波速和强度关系尺寸演化规律

根据 6.3.5 节所述运用单因子方差分析，检验试样尺寸对试验数据和回归分析公式相关性影响的显著性。计算时，设置影响因素为回归分析公式，取 $r = 4$ 个不同水平（直径分别为 25 mm、38 mm、50 mm、75 mm），每水平取容量为 $n_i = 4$ 个样本（依次为线性、指数、幂函数、对数函数），建立回归分析函数对相关性影响的单因子方差分析表格见表 6-13。

根据统计学和单因素回归分析理论，作假设检验 H_0：$\mu_1 = \mu_2 = \mu_3 = \mu_4$，即试样尺寸对回归分析函数与试验数据相关性没有影响。根据表 6-8 所述单因子方差分析计算方法，计算得 $S_A = 0.237547$，$S_e = 0.002912$，$S_T = 0.240458$，且 $(r'-1) = 3$，

$(n-r') = 12$；计算得 $F = 326.33$。

表6-13　试样尺寸对相关系数影响显著性方差分析表格

r'	1	2	3	4
1	0.576	0.600	0.600	0.559
2	0.867	0.849	0.866	0.866
3	0.558	0.566	0.558	0.534
4	0.623	0.638	0.621	0.596

在置信区间 0.95 条件下，查表得 $F_{0.95}$（3，12）= 3.49 < F = 326.33。

由此，拒绝 H_0，这表明，试样尺寸对回归分析函数与试验数据相关性的影响显著。其中，直径为 38 mm 时，回归分析公式和试验数据的相关性最大，其均值（期望）高于其他尺寸，为 0.862。这表明试样直径为 38 mm 时，其回归分析数据和回归分析公式的相关性最大。

7　技　术　展　望

7.1　主要结论

　　本书研究了原生结构作用下煤岩强度、泊松比、峰值应变、P 波波速、声发射等的各向异性和尺寸演化规律，探究了原生结构在煤岩裂纹扩展中的耦合作用机制，构建了煤岩强度各向异性和尺寸演化公式，探讨了煤岩声发射分形维数和声发射能量关联，分析了煤岩强度估测方法，并得到以下主要结论。

　　（1）煤岩内原生结构分布具有方向性，各原生结构体积随着试样尺寸增加而增加，原生结构体积的离散性随着试样尺寸增加而减少；煤岩试样单轴抗压强度、峰值应变与各向异性角度曲线呈 U 形；煤岩试样泊松比与各向异性角度曲线呈翻转 U 形（抛物线型）；随着尺寸增加，煤岩试样各力学参数（单轴抗压强度、峰值应变、割线弹性模量、泊松比）的各向异性特征降低；煤岩单轴抗压强度的各向异性和尺寸演化特征可表示为 $\sigma\ (d,\ \beta) = A_M - B_M \cos 2\ (\beta - \beta_{\min}) + [(A_0 - A_M) - (B_0 - B_M)\cos 2\ (\beta - \beta_{\min})]\ e^{-kd}$。

　　（2）煤岩内各原生结构（矿物夹杂、原生裂隙）分布具有方向性，矿物夹杂沿层理分布，节理（割理）与层理延伸方向大致垂直；煤岩内矿物夹杂体积大于原生裂隙；煤岩裂纹扩展受各原生结构作用，裂缝扩展时沿着矿物夹杂和煤基质之间的界面生长，裂隙在原生裂隙间扩展，并贯通原生裂隙，宏观破坏裂纹扩展路径中，裂纹萌生在矿物夹杂和煤基质界面，并扩展贯通原生裂隙，加速煤岩裂纹扩展。

　　（3）累积声发射计数、绝对声发射能量随着试样尺寸增加而增加，其各向异性特征随试样尺寸增加而减少。随各向异性角度的增加，煤岩累积声发射计数呈先减少后增加，再减少的趋势，并在 30°时达到最小值、45°时达到最大值；累积声发射绝对能量与各向异性角度曲线呈 U 形，在各向异性角度为 45°时取得最小值，90°时取得最大值；时间序列声发射分形维数与声发射释放能量呈负指数相关，与微震—分形维数经验公式在描述实验室尺度煤岩时间序列声发射分形维数与其释放能量关系上具有适用性。

　　（4）P 波波速–各向异性角度曲线呈 U 形，P 波波速最大值在各向异性角度为 0°，最小值在各向异性角度为 45°时取得；指数函数更能反映 P 波波速和单轴抗压强度间关系；应用 P 波波速确定煤岩试样单轴抗压强度时，推荐采用直径为 38 mm，各向异性角度为 45°煤岩试样。

7.2 展望

非均质性是煤岩的固有属性，任何煤岩力学响应特征问题的完整解决，必须考虑煤岩非均质及其带来的力学性质的各向异性和尺寸演化特征。随着煤炭开发进入深部状态，深部高应力环境、强开采扰动、叠加煤岩非均质性影响势必使煤岩失稳破坏特征更加复杂。因此，厘清煤岩非均质性导致的煤岩力学性质的各向异性和尺寸演化特征，对未来煤炭安全高效开采，具有重要的理论和现实意义。本研究重点对有限尺寸范围内煤岩单轴力学性质进行了探讨。因此，未来仍需对以下内容进行深入研究。

（1）跨尺度煤岩力学性质各向异性和尺寸演化特征研究。未来研究，需聚焦实验室尺度、工程尺度煤岩力学性质各向异性和尺寸演化特征，为工程尺度煤岩失稳破坏以及动力失稳破坏机理分析，提供理论基础。

（2）复杂应力环境下煤岩力学性质各向异性和尺寸演化特征研究。工程煤岩体处于地应力场和构造应力场形成的复合应力场中，巷道开挖、工作面回采等煤炭采掘活动，破坏了煤岩体周围的应力状态，其所受偏应力发生显著变化，易使处于极限平衡状态、高能量积蓄煤岩体突然失稳，发生动力灾害事故。因此，未来研究亟需转向复杂应力状态对煤岩力学性质各向异性和非均质的影响，揭示复杂应力环境下非均质煤岩的失稳破坏特征。

（3）各向异性和尺寸演化力学模型的研究。由于煤岩内部原生结构数量、展布的方向性，煤岩力学性质存在各向异性和尺寸效应特征，但目前存在的各向异性和尺寸效应模型，在力学模型中对原生结构的方向性、原生结构类型的考虑，仍可进一步提升。

（4）非均质煤岩力学特性数值模拟方法研究。已有演研究对非均质煤岩的数值模拟构建方法，进行了深入且有益的探索。随着数值模型商业软件功能和构建方法的不断进步，如何更贴合实际、方面快捷的构建非均质煤岩模型，为煤岩非均质性研究提供方法基础，这也是未来要解决的问题。

参 考 文 献

［1］ Weibull, Waloddi. A statistical theory of strength of materials ［J］. Royal 4cademy Engrg Science, 1939, 151：1-45.

［2］ Weibull, Waloddi. A statistical distribution function of wide applicability ［J］. Journal of applied mechanics, 1951, 18（3）：293-297.

［3］ Pankov I, Asanov V, Beltyukov N. Mechanism of Scale Effect in Saliferous Rock Under Compression ［J］. Procedia Engineering, 2017, 191：918-924.

［4］ Bahaaddini M, Hagan P C, Mitra R, et al. Scale effect on the shear behaviour of rock joints based on a numerical study ［J］. Engineering Geology, 2014, 181：212-223.

［5］ 尤明庆, 华安增. 岩样单轴压缩的尺度效应和矿柱支承性能 ［J］. 煤炭学报, 1997, （1）：37-41.

［6］ 刘宝琛, 张家生, 杜奇中, 等. 岩石抗压强度的尺寸效应 ［J］. 岩石力学与工程学报, 1998, （6）：611-614.

［7］ 王剑波, 朱珍德, 刘金辉. 单轴压缩下煤岩尺寸效应的试验及理论研究 ［J］. 水电能源科学, 2013, 31（1）：50-52+240.

［8］ 梁正召, 张永彬, 唐世斌, 等. 岩体尺寸效应及其特征参数计算 ［J］. 岩石力学与工程学报, 2013, 32（6）：1157-1166.

［9］ 张盛, 王启智, 谢和平. 岩石动态断裂韧度的尺寸效应 ［J］. 爆炸与冲击, 2008, 28（6）：544-551.

［10］ 潘一山, 魏建明. 岩石材料应变软化尺寸效应的实验和理论研究 ［J］. 岩石力学与工程学报, 2002, （2）：215-218.

［11］ Bieniawski Z T. The effect of specimen size on compressive strength of coal ［J］. International Journal of Rock Mechanics and Mining Sciences & Geomechanics Abstracts, 1968, 5（4）：325-335.

［12］ Gonzatti C, Zorzi L, Agostini I M, et al. In situ strength of coal bed based on the size effect study on the uniaxial compressive strength ［J］. International Journal of Mining Science and Technology, 2014, 24（6）：747-754.

［13］ Gao F, Stead D, Kang H. Numerical investigation of the scale effect and anisotropy in the strength and deformability of coal ［J］. International Journal of Coal Geology, 2014, 136：25-37.

［14］ Hoek E. Fracture of anisotropic rock ［J］. Journal of the Southern African Institute of Mining and Metallurgy, 1964, 64（10）：501-518.

［15］ Walsh J B, Brace W F. A fracture criterion for brittle anisotropic rock ［J］. Journal of Geophysical Research, 1964, 69（16）：3449-3456.

［16］ Gatelier N, Pellet F, Loret B. Mechanical damage of an anisotropic porous rock in cyclic triaxial tests ［J］. International Journal of Rock Mechanics and Mining Sciences, 2002, 39（3）：

335-354.

[17] Saroglou H, Tsiambaos G. A modified Hoek – Brown failure criterion for anisotropic intact rock [J]. International Journal of Rock Mechanics and Mining Sciences, 2008, 45 (2): 223-234.

[18] Shao J F, Chau K T, Feng X T. Modeling of anisotropic damage and creep deformation in brittle rocks [J]. International Journal of Rock Mechanics and Mining Sciences, 2006, 43 (4): 582-592.

[19] Amadei B. Importance of anisotropy when estimating and measuring in situ stresses in rock [J]. International Journal of Rock Mechanics and Mining Sciences & Geomechanics Abstracts, 1996, 33 (3): 293-325.

[20] Yun T S, Jeong Y J, Kim K Y, et al. Evaluation of rock anisotropy using 3D X-ray computed tomography [J]. Engineering Geology, 2013, 163: 11-19.

[21] Sayers C M. Stress-induced ultrasonic wave velocity anisotropy in fractured rock [J]. Ultrasonics, 1988, 26 (6): 311-317.

[22] Scholz C H, Koczynski T A. Dilatancy anisotropy and the response of rock to large cyclic loads [J]. Journal of Geophysical Research: Solid Earth, 1979, 84 (B10): 5525-5534.

[23] Zeng Q D, Yao J, Shao J. Numerical study of hydraulic fracture propagation accounting for rock anisotropy [J]. Journal of Petroleum Science and Engineering, 2018, 160: 422-432.

[24] Wang P, Ren F, Miao S, et al. Evaluation of the anisotropy and directionality of a jointed rock mass under numerical direct shear tests [J]. Engineering Geology, 2017, 225: 29-41.

[25] Jaeger J C. Shear failure of anistropic rocks [J]. Geological magazine, 1960, 97 (1): 65-72.

[26] Donath F A. Experimental study of shear failure in anisotropic rocks [J]. Geological Society of America Bulletin, 1961, 72 (6): 985-989.

[27] 李正川. 岩石各向异性的单轴压缩试验研究 [J]. 铁道科学与工程学报, 2008, 5 (3): 69-72.

[28] 周建军, 周辉, 邵建富. 脆性岩石各向异性损伤和渗流耦合细观模型 [J]. 岩石力学与工程学报, 2007, 26 (2): 368-373.

[29] 刘斌, 席道瑛, 葛宁洁, 等. 不同围压下岩石中泊松比的各向异性 [J]. 地球物理学报, 2002, 45 (6): 880-890.

[30] 陈运平, 王思敬, 王恩志. 循环荷载下层理岩石的弹性和衰减各向异性 [J]. 岩石力学与工程学报, 2006, 11: 2233-2239.

[31] 邓涛, 杨林德. 各向异性岩石纵、横波的波速比特性研究 [J]. 岩石力学与工程学报, 2006, 10: 2023-2029.

[32] 潘睿, 张广清. 层状岩石断裂能各向异性对水力裂缝扩展路径影响研究 [J]. 岩石力学与工程学报, 2018, 37 (10): 2309-2318.

[33] 周广照, 彭云晖, 许思勇, 等. Hoek-Brown 准则在岩石强度各向异性评价中的应用

[J]. 地质科技情报, 2017, 36 (2): 285-292.

[34] Liu J, Chen Z, Elsworth D, et al. Linking gas-sorption induced changes in coal permeability to directional strains through a modulus reduction ratio [J]. International Journal of Coal Geology, 2010, 83 (1): 21-30.

[35] Chen H, Jiang B, Chen T, et al. Experimental study on ultrasonic velocity and anisotropy of tectonically deformed coal [J]. International Journal of Coal Geology, 2017, 179: 242-252.

[36] Espinoza D N, Vandamme M, Dangla P, et al. A transverse isotropic model for microporous solids: Application to coal matrix adsorption and swelling [J]. Journal of Geophysical Research: Solid Earth, 2013, 118 (12): 6113-6123.

[37] Zhao Y, Gong S, Hao X, et al. Effects of loading rate and bedding on the dynamic fracture toughness of coal: laboratory experiments [J]. Engineering Fracture Mechanics, 2017, 178: 375-391.

[38] Patrick J W, Green P D, Thomas K M, et al. The influence of pressure on the development of optical anisotropy during carbonization of coal [J]. Fuel, 1989, 68 (2): 149-154.

[39] Moreland A, Patrick J W, Walker A. Optical anisotropy in cokes from high-rank coals [J]. Fuel, 1988, 67 (5): 730-732.

[40] Okubo S, Fukui K, Qingxin Q. Uniaxial compression and tension tests of anthracite and loading rate dependence of peak strength [J]. International Journal of Coal Geology, 2006, 68 (3-4): 196-204.

[41] 宋红华, 赵毅鑫, 姜耀东, 等. 单轴受压条件下煤岩非均质性对其破坏特征的影响 [J]. 煤炭学报, 2017, 42 (12): 3125-3132.

[42] 刘晓辉, 戴峰, 刘建锋, 等. 考虑层理方向煤岩的静动巴西劈裂试验研究 [J]. 岩石力学与工程学报, 2015, (10): 2098-2105.

[43] 卢方超, 张玉贵, 江林华. 单轴加载煤孔裂隙各向异性核磁共振特征 [J]. 煤田地质与勘探, 2018, 46 (1): 66-72.

[44] 赵宇, 张玉贵, 周俊义. 单轴加载条件下煤岩超声各向异性特征实验 [J]. 物探与化探, 2017, 41 (2): 306-310.

[45] 许多, 张茹, 高明忠, 等. 基于间接拉伸试验的煤岩层理效应研究 [J]. 煤炭学报, 2017, 42 (12): 3133-3141.

[46] Scholtès L, Donzé F V, Khanal M. Scale effects on strength of geomaterials, case study: coal [J]. Journal of the Mechanics and Physics of Solids, 2011, 59 (5): 1131-1146.

[47] Poulsen B A, Adhikary D P. A numerical study of the scale effect in coal strength [J]. International Journal of Rock Mechanics and Mining Sciences, 2013, 63: 62-71.

[48] Hardy H R. Application of acoustic emission techniques to rock mechanics research [J]. Acoustic Emission, ASTM STP, 1972, 505: 41-83.

[49] He M C, Miao J L, Feng J L. Rock burst process of limestone and its acoustic emission charac-

teristics under true-triaxial unloading conditions [J]. International Journal of Rock Mechanics and Mining Sciences, 2010, 47 (2): 286-298.

[50] Chang S H, Lee C I. Estimation of cracking and damage mechanisms in rock under triaxial compression by moment tensor analysis of acoustic emission [J]. International Journal of Rock Mechanics and Mining Sciences, 2004, 41 (7): 1069-1086.

[51] Shah K R, Labuz J F. Damage mechanisms in stressed rock from acoustic emission [J]. Journal of Geophysical Research: Solid Earth, 1995, 100 (B8): 15527-15539.

[52] Ohnaka M, Mogi K. Frequency characteristics of acoustic emission in rocks under uniaxial compression and its relation to the fracturing process to failure [J]. Journal of geophysical research: Solid Earth, 1982, 87 (B5): 3873-3884.

[53] Alkan H, Cinar Y, Pusch G. Rock salt dilatancy boundary from combined acoustic emission and triaxial compression tests [J]. International Journal of Rock Mechanics and Mining Sciences, 2007, 44 (1): 108-119.

[54] Stanchits S, Burghardt J, Surdi A. Hydraulic fracturing of heterogeneous rock monitored by acoustic emission [J]. Rock Mechanics and Rock Engineering, 2015, 48 (6): 2513-2527.

[55] Kim J S, Lee K S, Cho W J, et al. A comparative evaluation of stress-strain and acoustic emission methods for quantitative damage assessments of brittle rock [J]. Rock Mechanics and Rock Engineering, 2015, 48: 495-508.

[56] 庶林, 唐海燕. 不同加载条件下岩石材料破裂过程的声发射特性研究 [J]. 岩土工程学报, 2010, 32 (1): 147-152.

[57] 姜永东, 鲜学福, 尹光志, 等. 岩石应力应变全过程的声发射及分形与混沌特征 [J]. 岩土力学, 2010, 31 (8): 2413-2418.

[58] 曾鹏, 纪洪广, 孙利辉, 等. 不同围压下岩石声发射不可逆性及其主破裂前特征信息试验研究 [J]. 岩石力学与工程学报, 2016, 35 (7): 1333-1340.

[59] 彭冠英, 许明, 谢强, 等. 基于岩石声发射信号的指数衰减型小波基构造 [J]. 岩土力学, 2016, 37 (7): 1868-76+94.

[60] Moradian Z, Seiphoori A, Evans B. The Role Of Bedding Planes on Fracture Behavior and Acoustic Emission Response of Shale under Unconfined Compression [C]. 51st US Rock Mechanics/Geomechanics Symposium. American Rock Mechanics Association, 2017.

[61] Wang Y, Li C H, Hu Y Z, et al. Acoustic emission pattern of shale under uniaxial deformation [J]. Géotechnique Letters, 2017, 7 (4): 323-329.

[62]] Wang J, Xie L, Xie H, et al. Effect of layer orientation on acoustic emission characteristics of anisotropic shale in Brazilian tests [J]. Journal of Natural Gas Science and Engineering, 2016, 36: 1120-1129.

[63] 来兴平, 吕兆海, 张勇, 等. 不同加载模式下煤样损伤与变形声发射特征对比分析 [J]. 岩石力学与工程学报, 2008, 27 (S2): 3521-3527.

[64] 张东明，白鑫，尹光志，等．含层理岩石单轴损伤破坏声发射参数及能量耗散规律 [J]．煤炭学报，2018，43（3）：646-656.

[65] 张树文，鲜学福，周军平，等．基于巴西劈裂试验的页岩声发射与能量分布特征研究 [J]．煤炭学报，2017，42（S2）：346-353.

[66] 赵康，王金安．基于尺寸效应的岩石声发射时空特性数值模拟 [J]．金属矿山，2011（6）：46-51.

[67] Yagiz S. P-wave velocity test for assessment of geotechnical properties of some rock materials [J]. Bulletin of Materials Science, 2011, 34: 947-953.

[68] Sharma P K, Singh T N. A correlation between P-wave velocity, impact strength index, slake durability index and uniaxial compressive strength [J]. Bulletin of Engineering Geology and the Environment, 2008, 67: 17-22.

[69] Çobanoğlu İ, Çelik S B. Estimation of uniaxial compressive strength from point load strength, Schmidt hardness and P-wave velocity [J]. Bulletin of Engineering Geology and the Environment, 2008, 67: 491-498.

[70] Khandelwal M, Ranjith P G. Correlating index properties of rocks with P-wave measurements [J]. Journal of applied geophysics, 2010, 71 (1): 1-5.

[71] Yasar E, Erdogan Y. Correlating sound velocity with the density, compressive strength and Young's modulus of carbonate rocks [J]. International Journal of Rock Mechanics and Mining Sciences, 2004, 41 (5): 871-875.

[72] Karakul H, Ulusay R. Empirical correlations for predicting strength properties of rocks from P-wave velocity under different degrees of saturation [J]. Rock mechanics and rock engineering, 2013, 46: 981-999.

[73] Azimian A, Ajalloeian R, Fatehi L. An empirical correlation of uniaxial compressive strength with P-wave velocity and point load strength index on marly rocks using statistical method [J]. Geotechnical and Geological Engineering, 2014, 32: 205-214.

[74] Altindag R. Correlation between P-wave velocity and some mechanical properties for sedimentary rocks [J]. Journal of the Southern African Institute of Mining and Metallurgy, 2012, 112 (3): 229-237.

[75] Yagiz S. Predicting uniaxial compressive strength, modulus of elasticity and index properties of rocks using the Schmidt hammer [J]. Bulletin of engineering geology and the environment, 2009, 68: 55-63.

[76] Karakus M, Tutmez B. Fuzzy and multiple regression modelling for evaluation of intact rock strength based on point load, Schmidt hammer and sonic velocity [J]. Rock mechanics and rock engineering, 2006, 39: 45-57.

[77] 燕静，李祖奎，李春城，等．用声波速度预测岩石单轴抗压强度的试验研究 [J]．西南石油学院学报，1999（2）：21-23+48+3-4.

［78］ 林军，沙鹏，伍法权，等．基于尺寸效应的类岩石材料点荷载指标与单轴抗压强度对应关系研究［J］．长江科学院院报，2018，35（3）：34-44.

［79］ 李文，谭卓英．基于 P 波模量的岩石单轴抗压强度预测［J］．岩土力学，2016，s2：381-387.

［80］ 谭国焕，李启光，徐钺．香港岩石的硬度与点荷载指标和强度的关系［J］．岩土力学，1999，20（2）：52-56.

［81］ Zhao J，Zhao X B，Cai J G. A further study of P-wave attenuation across parallel fractures with linear deformational behaviour［J］. International Journal of Rock Mechanics and Mining Sciences，2006，43（5）：776-788.

［82］ 巩思园，窦林名，徐晓菊，等．冲击倾向煤岩纵波波速与应力关系试验研究［J］．采矿与安全工程学报，2012，29（1）：67-71.

［83］ Kuila U，Dewhurst D N，Siggins A F，et al. Stress anisotropy and velocity anisotropy in low porosity shale［J］. Tectonophysics，2011，503（1-2）：34-44.

［84］ Borges A F. Analysis of wave velocity anisotropy of rocks using ellipse fitting［J］. International Journal of Rock Mechanics and Mining Sciences，2017，96：23-33.

［85］ Jamshidi A，Nikudel M R，Khamehchiyan M，et al. The effect of specimen diameter size on uniaxial compressive strength，P-wave velocity and the correlation between them［J］. Geomechanics and Geoengineering，2016，11（1）：13-19.

［86］ Nasseri M H B，Rao K S，Ramamurthy T. Anisotropic strength and deformational behavior of Himalayan schists［J］. International Journal of Rock Mechanics and Mining Sciences，2003，40（1）：3-23.

［87］ Protodyakonov M M，Koifman M I. The scale effect in investigations of rock and coal［C］. Proceedings of 5th congress international bureau rock mechanics，Leipzig，1963.

［88］ Bažant Z P. Size effect in blunt fracture：concrete，rock，metal［J］. Journal of engineering mechanics，1984，110（4）：518-535.

［89］ Carpinteri A，Chiaia B，Ferro G. Size effects on nominal tensile strength of concrete structures：multifractality of material ligaments and dimensional transition from order to disorder［J］. Materials and Structures，1995，28：311-317.

［90］ Masoumi H，Saydam S，Hagan P C. Unified size-effect law for intact rock［J］. International Journal of Geomechanics，2016，16（2）：04015059.

［91］ Rafiai H. New empirical polyaxial criterion for rock strength［J］. International Journal of Rock Mechanics and Mining Sciences，2011，48（6）：922-931.

［92］ Cho J W，Kim H，Jeon S，et al. Deformation and strength anisotropy of Asan gneiss，Boryeong shale，and Yeoncheon schist［J］. International journal of rock mechanics and mining sciences，2012，50：158-169.

［93］ Xu S，Li Y，Liu J. Detection of cracking and damage mechanisms in brittle granites by moment tensor analysis of acoustic emission signals [J]. Acoustical Physics, 2017, 63: 359-367.

[94] 谢和平. 分形-岩石力学导论 [M]. 北京: 科学出版社, 1996.

[95] 谢和平, 高峰. 岩石类材料损伤演化的分形特征 [J]. 岩石力学与工程学报, 1991, 10 (1): 74-82.

[96] Xie H, Pariseau W G. Fractal character and mechanism of rock bursts [J]. International Journal of Rock Mechanics and Mining Sciences & Geomechanics Abstracts, 1993, 30: 343-350.

[97] Xie H P, Liu J F, Ju Y, et al. Fractal property of spatial distribution of acoustic emissions during the failure process of bedded rock salt [J]. International journal of rock mechanics and mining sciences & geomechanics abstracts, 2011, 48 (8): 1344-1351.

[98] 李元辉, 刘建坡, 赵兴东, 等. 岩石破裂过程中的声发射 b 值及分形特征研究 [J]. 岩土力学, 2009, 30 (9): 2559-2563.

[99] Kong X, Wange E, Hu S, et al. Fractal characteristics and acoustic emission of coal containing methane in triaxial compression failure [J]. Journal of Applied Geophysics, 2016, 124: 139-147.

[100] 高运良, 马玲. 数理统计 [M]. 北京: 煤炭工业出版社, 2002.